MANFRED THEISEN

WIR

SIND DIE

LETZTE

GENERATION

W0321116

cbt

Bei diesem Buch wurden die durch das verwendete Material und die Produktion entstandenen CO_2-Emissionen ausgeglichen, indem der cbj Verlag ein Projekt zur Aufforstung in Brasilien unterstützt.
Weitere Informationen zu dem Projekt unter:
www.ClimatePartner.com/14044-1912-1001

FSC
www.fsc.org
MIX
Papier | Fördert gute Waldnutzung
FSC® C014496

Penguin Random House Verlagsgruppe
FSC® N001967

Wir produzieren
Klimaneutral
ClimatePartner.com/14044-1912-1001
Druckprodukt

1. Auflage
Originalausgabe April 2023

Lektorat: Regine Teufel
Umschlaggestaltung: Geviert, Grafik & Typografie,
unter Verwendung eines Motivs von © Shutterstock.com
(Martin Bergsma)
he · Herstellung: AW
Satz: GGP Media GmbH, Pößneck
Druck: GGP Media GmbH, Pößneck
ISBN 978-3-570-31545-3
Printed in Germany

www.cbj-verlag.de

Für Emilia

Es gibt Bücher, die schreibst du alleine.
Dieses Buch gehört nicht dazu!

Es konnte nur entstehen, weil meine Tochter mit mir um Worte, Figuren und Handlung gerungen hat. Gemeinsam haben wir recherchiert, mit Menschen im Hambacher Forst gesprochen und diese ungewöhnliche Textform für unsere Arbeit entdeckt.
Unsere Blickwinkel waren immer wieder verschieden. Doch wir haben sie zueinandergeführt, haben uns zusammengeschrieben und ab und an auch zusammengerauft, bis endlich das letzte Komma an seinem Platz war.

Sie heißt Johanna
und wacht im Baumhaus auf.
Sie nennen es Crown,
weil es so hoch in den Zweigen
über der Erde schwebt.
Das Atmen der anderen ist laut,
irgendjemand schnarcht.
»Schlaf, Flocke«, sagt Borke neben ihr.
Sie ist hier nicht Johanna,
sie ist hier Flocke
und dreht sich wieder Richtung Wand.
Du musst deinen Namen abgeben,
damit dein Freund
dich nicht verraten kann,
falls er verhaftet wird.
Menschen, die im Crown wohnen,
sind eine Gefahr und in Gefahr,
obwohl sie nur auf einem Baum leben.
Sie werden Aktivisten genannt.
Johanna schaut durch die Lücke
zwischen den Brettern.
Überall sind Baumhäuser
hier im Wald
und sie ist aufgeregt.

Baumhaus

Die Menschen hier oben
nehmen jeden auf,
ohne zu fragen,
ob der Mensch
zu etwas nutze ist.
Es ist ein Recht,
nur da zu sein.

Johanna kann nicht mehr schlafen.
Sie steigt vorsichtig über die anderen hinweg
in die Küche: Herd, Spüle, Schrank.
Ein Eichhörnchen ist scharf auf die Lebensmittel.
Es kommt morgens,
stiehlt Nüsse, Brot und Körner.
Johanna sieht es an,
es sieht sie an
und hat keine Angst.
Sein buschiger Schwanz
ist wie ein Flaschenreiniger.

Sie macht Tee.
Es ist feucht in der Früh
und ein wenig kühl
über der brennenden Welt.
In der Ferne fressen sich
die Schaufeln der Bagger
weiter in den Körper der Erde.
Sie ernten Braunkohle.
Kohle wärmt und erwärmt.
Johanna steigt über Borkes Gitarre hinweg,
die stumm im Weg liegt.
Sie seilt sich ab
aus der Krone der Eiche.
Schritt für Schritt geht sie.
Solange sie in den Bäumen leben,
wird der Wald nicht gerodet.
Die Erde unter ihr gibt nach –
so nachgiebig,
so nachsichtig
ist nur Waldboden.

Sie macht sich auf
in die Stadt,
wo sie etwas zu
erledigen hat.

Er heißt Ben
und ist ein Buch mit leeren Seiten.
Es muss etwas passieren. Das weiß Ben.
Aber er steht viel zu langsam auf.
Er weiß: Es ist Zeit, etwas zu ändern.
Veränderer sind Menschen
mit einem Ziel vor Augen,
doch er lebt nur von Tag zu Tag
und steht mit beiden Füßen
auf dem warmen Teppich
in seinem Zimmer
in der Eigentumswohnung seiner Eltern
mitten in der Stadt.
Die Welt brennt, doch ich penne.
Das denkt er.
Seine Mutter ruft von unten:
»Morgen, Schatz!«

Er fühlt sich angebunden
wie ein Hund an der Leine.
Braune Haare, eine Strähne
fällt ihm ins Gesicht,
Mandelaugen, hellbraun, wach der Blick,
selbst wenn er müde ist.
»Fängst du heute an mit dem Referat
über die Edelweißpiraten?«,
hört er seine Mutter fragen und spürt,
wie ihn die Leine in eine Richtung zieht.
Brot mit Frischkäse und Stress.
Sie sagt: »Widerstand ist faszinierend.
Unter Hitler brauchten die Menschen Mut zum
Widerstand.«
Sie will wissen, ob sie ihm bei der Arbeit helfen könne.
Er will keine Hilfe, bloß keine Hilfe von ihr.
Der Mund seiner Mutter ist blass,
ihre Zähne sind sehr gerade und zu hell.
»Wann musst du das Referat denn abgeben?«
Er hat das Brot nur angebissen
und knallt die Tür hinter sich zu.
Vorbei.
Es ist immer
die gleiche Flucht
vor seiner Mutter.

Er will zur Gedenkstätte
der Edelweißpiraten.
Sie ist im Bogen unter dem
Bahnhof Köln-Ehrenfeld.
Oben fahren die Züge ein und aus,
unten lebt die Erinnerung,
eine Gedenktafel,
Zeichnungen von Erhängten
und der seltenen Blume.

Edelweiß

Die Blume.
Sie wächst hoch oben auf dem Berg,
blüht in Eis und Schnee.
Von da hast du Überblick.
Ganz weiß ist sie
wie unsere Kniestrümpfe.
Weiß ist edel,
ist Edelweiß,
die Kostbarkeit.
Die Hemden mit Farbe,
bunt wie die Wiese,
nicht braun wie die Scheiße.
Ein weißes Blatt Papier,
auf dem ich die Wahrheit
in Freiheit schreibe.
Edelweiß ist unser Stern,
die Blume Widerstand.
Mut, Tapferkeit, Liebe.
Nur der Mutigste kann sie pflücken,
hoch oben in den Felsen,
wo die Freiheit lebt
und der Sonne nah ist.

Johanna ist Energie.
Ihr Gesicht schwitzt unter dem Schal.
Nur ihre Augen sind zu sehen.
Helle Punkte in all der dunklen Kleidung.
Die Gedenkstätte dort unten
interessiert sie jetzt nicht.
Sie steigt die Treppen hinauf zum Bahngleis.
Unten fließt der Verkehr, regieren Dönerbuden
und in der Spielhölle lauert die Langeweile.
16 Der Bahnsteig hier oben ist lang.
Wie aus einem Gewehrlauf
schießen Züge im Minutentakt.
Kommen raus, fahren nach
Köln-Flughafen, Köln-Innenstadt-Dom.
Die Menschen schauen sie an,
niemand erkennt Johannas Gesicht.
Ihr grauer Schal ist ein Schutzschild.

Was führst du im Schilde,
schwarzer Rabe?

Ben ist nah bei ihr und dennoch so fern.
Er steht dort unten an der Straße,
direkt gegenüber der Gedenkstätte.
Nazis marschierten und verfolgten
die jungen Menschen, die sich
die Zivilisation zurückholen wollten.
Er zückt sein Handy, fotografiert.
Ein Zug hält oben am Bahnsteig.

Es ist ein Drunter und Drüber,
Verkehr, Asphalt und Schienen.
Versiegelte Welt.
Sie haben der Erde
den Mund zugeklebt.

Johanna geht den Bahnsteig entlang.
Sie spürt die Blicke.
Leute verschwinden in den Mäulern der Waggons.
Sie steigt auf einen Stromkasten,
klettert von dort am Mast hinauf zur
Überwachungskamera.
Die Sonne ist hell.
Johanna hat Wut auf die Welt.
Sie bleibt mit dem Schal an einem Draht hängen.
Er rutscht ihr über die Augen.
Johanna reißt ihn sich vom Gesicht.
Der Schal sinkt,
schwebt,
tanzt im Wind
und folgt ein wenig
dem wegfahrenden Zug
wie ein Grauschleier.
Johanna atmet durch.
Sie schaut hinauf.
Ihr Gesicht spiegelt sich
in der Überwachungskamera.
Sie sieht sich, grinst trotzig
und zückt die Sprühdose.

Ben hat noch keine Augen für Johanna,
Johanna noch keine Augen für Ben.
Beide sind konzentriert auf ihre Sache.

So berührt

Es ist und bleibt eine der schönsten Fragen,
wann sich wo und wie zwei Menschen treffen.
Warum trifft der Blick des einen
den des anderen?
Und warum wird er davon so berührt?
Es ist die schönste Frage,
wann die Liebe ihren Lauf nimmt.
Und wer wen später zuerst küssen wird.
Wer bestimmt das?
Chemie? Biologie?
Ein magisches Wesen?
Die künftig Liebenden selbst
sind es sicherlich nicht.
Und warum hat das Kribbeln im Bauch
die Farbe Rot und Ewigkeit im Sinn?
Es ist und bleibt eine der schönsten Fragen,
wann sich wo und wie zwei Menschen treffen
und wer den ersten Schritt dann macht,
damit die Geschichte beginnen darf.

Ben entdeckt das Mädchen
dort oben auf der Bahntrasse,
ganz oben am Mast ist sie.
Von dort kann sie sicherlich
den Kölner Dom sehen.
Was macht sie da?
Er fotografiert sie.
Der Auslöser ist lautlos,

aber sie schaut zu ihm herunter.
Ihre Blicke treffen sich.
Ben wird heiß.
Erwischt.
Er wendet sich ab.
Dabei wollte er noch die Gedenktafel
der Edelweißpiraten fotografieren.
Nun geht er – schnell.
Als sei er schuldig.

Sie schaut ihm nach:
Jeans wie sie,
Kapuzenpulli wie sie.
Neugierig war er. Zu neugierig!
Die Sprühdose liegt schwer in ihrer Hand,
obwohl sie leicht ist.
Was du fühlst und was Wirklichkeit ist,
hat wenig miteinander zu tun.
Die Linse der Kamera über ihr
ist jetzt schwarz wie das Nichts.
Keiner der Überwacher
wird mehr durch diese Kamera schauen,
niemand mehr die Menschen beobachten
und ihre Gesichter erfassen.
Das Netz hat tausend Augen.
Die KI ist ein Silberfischchen.
Sie dringt in jede Ritze deines Lebens.
Johanna ist wieder auf dem Stromkasten.
Sie schreit: »Ihr Schafe!«
Die Leute glotzen wie Fische im Glas.
Keiner sagt was, wie Fische im Glas.
Die Fische im Glas haben Angst.
Sie fürchten sich vor dem schlanken Mädchen,
das nun wieder festen Boden unter den Füßen hat.
Und die Treppen hinuntergeht,
während der nächste Zug einfährt.

Fotos

Zur Erinnerung.
Zum Vergleich.
Zum Zeigen.
Zum Lachen.
Zum Weinen.
Fotos für mich allein.
24 Fotos von mir.
Es ist ein Foto von ihr,
das er sich nun auf seinem Handy anschaut.
Die Haare gelockt, schwarz.
Er zoomt ihr Gesicht ran,
noch näher, ein wenig unscharf,
die Augen groß, der Mund klein,
Pausbacken und voller Energie.

Sie ruft ihn:
»Bleib stehen!«
Er bleibt stehen.
»Dein Handy!«, sagt sie.
Ihr Gesicht ist so nah,
ihr Mund so laut:
»Dein Handy!«
Er gibt es ihr zögerlich.
Sein Handteller ist nass.
Sie ist stark.
Ihre Haare sind schulterlang, schwarz.
Er ist schwach.
Sie blafft ihn an:
»Du hast mich fotografiert!
Das ist mein Gesicht!«
Er ist starr.
Ihre Augen starren ihn an:
ein schwarzer Punkt im Zentrum
von all dem Grün.
Die Pupille hat ihn ertappt.
Die Bremsen eines Zuges kreischen,
als würde einem Wal das Rückgrat gebrochen.
Sie schmettert das Handy zu Boden,
und ihr Gesicht auf dem Bildschirm
ist in tausend Stücke gesplittert.
Er ist verschreckt.
Ihre Schritte entfernen sich
und er schaut auf das zerstörte
schwarze Display.

Sie geht und geht,
dreht sich nicht um.
Die Gedanken vergehen
und drehen sich schneller.
Kein Waldboden,
nur Menschenboden.
Sie mag die Stadt nicht.
Hier ist alles von Menschen
durchdacht und belagert.
Selbst die Bäume kommen nicht an
gegen das Grau der Steine.
Ein Baum ist mehr wert
als sein Brennwert und
nicht nur ein Speicher für CO_2.
Bewegte Reklame flimmert
ihr in den Augen.
Eine Versicherung fürs Leben
wird angeboten.
Die Würde des Menschen
ist seine Kreditwürde.
Sie will zurück in den Forst.
Der Asphalt brennt
unter ihren Füßen.
Vor ihr dreht sich
billiges Leben am Spieß
und passt in eine Dönertasche.
Sie hat Wut auf all jene, die mitlaufen, einkaufen.
Der Blick des Jungen war so unschuldig.
Hat er verstanden, was er getan hat?

Sie fotografieren dich,
speichern dich ab.
Sie wollen alles
festhalten,
besitzen.

Er läuft nach Hause,
aber nicht allein.
Ihn verfolgt eine Spur von
Furcht,
Entsetzen,
auf Schritt und Tritt
hat er Angst
vor all ihrer Energie.
Und die Angst,
mit einem kaputten Handy
nach Hause zu kommen.
Die Angst vor seiner Mutter.
Sein Vater ist auf Dienstreise in Kyoto.
Die Angst vor all den Fragen.
Hinter ihm fällt die Tür ins Schloss.
Schuhe aus, Teppich unter seinen Füßen,
schleicht er sich in sein Zimmer.

28 »Hallo, Ben?!«

Seine Mutter klopft an
sein Leben an.
Er öffnet nicht,
schaut in die Cloud.
Sein Handy ist zerstört, aber ihr Foto
ist unberührt in der digitalen Wolke.

Lucy in the sky with diamonds

Du kannst das Geschehene
nicht so leicht
ungeschehen machen.
Dein Foto nicht
einfach zerreißen.
Es ist nicht mehr
nur auf Papier.
An keinem einen Ort,
an allen Orten bist du
zu greifen,
tausend Tropfen Pixel
in der Wolke.

Er sucht ihre Spuren.
Jeder hinterlässt Spuren
im Netz der Spinne.
Auf Google-Bildersuche
findet er ihr Gesicht.
Die Biometrie lügt nie.
Er findet ein Mädchengesicht auf der
Homepage des Albert-Einstein-Gymnasiums.
Willkommensheft des Jahrgangs:
Johanna Klein (5b),
Theater-Medien-Klasse.
Das ist sie! Target! Treffer!
Ben folgt der Fährte.
Ein Video auf Vimeo mit Johanna:
Szenen einer Aufführung.
Damals war sie noch ein Kind,
die Haare hüftlang wie
blonde Luftschlangen.
Wem gehört der Account, auf dem
das Video veröffentlich wurde?
Nachname und sofort die Adresse.
Johannas Vater und Johannas Mutter,
sie haben sich getrennt.
Facebook ist ein Verräter.
Wenige Klicks später hat
er die Adresse der Mutter.
Am liebsten würde er gleich losgehen,
aber es klopft.
»Hallo, Ben!« Das ist seine Mutter.

»Was ist los?!«
Sie drückt die Klinke.
»Warum schließt du ab?«
Sie wird nicht lockerlassen.

Wäre **seine** Mutter nicht seine Mutter,
 so wäre sie eine liebenswerte Frau.
Aber sie ist
eine Befragerin,
eine Einflussnehmerin,
eine Erlauberin,
eine Rechthaberin,
eine Entschuldigerin.
Und während er
ihr mit vielen Worten
alles verschweigt,
mit ihr spricht,
ohne mit ihr zu reden,
denkt er nur an Johanna,
deren Mutter sicherlich weiß,
wo sie lebt.

Ben stellt infrage.
Sich infrage.
Bewusst infrage.
Ständig infrage.
Handeln und Denken.
Alles infrage.

Ob er Johanna
nachspionieren darf?

Die Antwort ist einfach ein Ja.
Er will sie sehen, unbedingt sehen,
und geht zu Johannas Mutter,
die ihn abblitzen lässt.
Wäre ihm nicht zufällig

Johannas kleine Schwester Sarah
vor der Haustür begegnet,
und hätte sie Johanna nicht
so arg ähnlich gesehen,
dann hätte er nie erfahren,
dass Johanna weggelaufen ist und
im Hambacher Forst lebt.

So aber macht **er** sich
schon am nächsten Tag auf
in T-Shirt, Turnschuhen und Jeans,
den Hoodie um den Bauch gebunden.

Johanna träumt mit offenen Augen
im Bett hockend. Sie ist melancholisch.
Die anderen sind ausgeflogen,
die Baumhäuser verlassen wie Nester.
Sie sind zur Kolonie am Waldrand,
wo heute ein Plenum stattfindet.
Dort kommen sie aus den Kolonien
zusammen und beratschlagen sich.
Früher haben sie sich regelmäßig getroffen.
Aber jetzt sind all die Bewohner eher ein
lockerer Verband, ein paar sind immer da,
andere ziehen ab und neue kommen hinzu.
Johanna und Borke sind allein hier
oben im Wipfel der Eiche geblieben,
damit kein Fremder eindringen kann.
Zwischen zwei Brettern schaut sie
hinunter auf die Wege von Oakland.

Eine Gestalt nähert sich: Jeans, Hoodie,
die Kapuze tief ins Gesicht gezogen.
Borke singt und reimt laut
zur Gitarre in der Küche:
»Die Bechsteinfledermaus
will zurück in ihr Haus.
Damit das nicht geht,
hat RWE den Eingang
zu ihrer Höhle im Baum zugeklebt.«
Borke singt jeden Tag.
Seine Stimme ist dunkel
und ledrig wie seine Haut.
»Der energische Riese fürchtet
die kleine Bechsteinfledermaus,
nistet sie sich ein im Baum,
ist es vorbei mit der Kohlebuddelei.
Denn der Naturschutz ruft
herbei die Polizei, die Polizei.
Eidideldei, eidideldei,
dann ist die Buddelei vorbei!«

Ben geht Schritt für Schritt
durch den Wald.
Der Weg ist matschig.
Es hat in der Nacht geregnet.
Die Pfützen werden bald
schon kleiner sein,
wenn der durstige Boden
sie aufgesaugt hat.
Überall liegen Äste,
gebrochen, ungeordnet,
dazwischen Moos,
Pilze sprießen und bilden
ein unterirdisches Netz.
Das Holz sieht tot aus,
doch Totholz ist nie tot,
es trägt Leben in sich.
Es gibt keinen Tod,
nur einen Übergang.
Nichts bleibt, wie es ist,
alles bleibt, nichts vergeht.
Er zieht den Hoodie an, über ihm die Baumhäuser
und Wurzeln zu seinen Füßen,
verbinden sich unter der Erde
zu einem lebendigen Netz.
Ben schreitet voran.
Respektvoll will er sein.
Nichts zertreten will er.
Orientierungspunkte sucht er.

Johanna muss irgendwo in dem
unüberschaubaren grünen Organ
leben.

Ein Baumstumpf ragt aus dem Boden,
darauf gesprüht steht:
born by nature
killed by humans

Ein Wald wächst aus sich selbst heraus,
der Mensch kann ihn nur betreten. 41
Im Forst hat auch der Mensch die Hand im Spiel
und forstet auf nach seinem Geschmack.

Er fühlt sich beobachtet,
der Wald hat Augen,
die verzweigten Riesen
sind voller Verstecke.
Über ihm keine Wolken.
Er verbirgt seine Hände
im Hoodie, Robin Hood.
Verbirgt seine Haare
im Hoodie, Robin Hood.
Kapuze und Bauchbeutel.
Die Aktivisten leben in den Bäumen.
Er hat das Gefühl,
dass sie ihn aus den Kronen
mit Blicken bewerten.
Er sucht hier am Boden
den richtigen Pfad,
Richtungspfeile, und er wandert
in einem Bogen. Unsicher ist er.
Du kannst dir sicher sein,
dass dein schlechtes Gewissen
dich vom Weg abbringt.
Der Wald ist ihre Hood.
Die Kapuze ist seine Hood.
Schutz wollen sie haben,
beschützt will er sich fühlen.
Im Wald leben die Geächteten,
die Waldnamen tragen, Baumschützer,
die gegen die Herrschenden kämpfen.
Ben geht weiter; verletzbar, unsicher.

Unter ihm knacken Stöcke wie Knochen,
denn der Wald ist durstig im Sommer
und fängt leicht Feuer,
sogar nach
durchregneter Nacht.
Er zieht die Kapuze in den Nacken
und liest das Schild unten am Baum,
auf dem nur ein Wort steht:

weniger.

weniger.
mit einem Punkt hinter dem
weniger.
weil es da nichts zu diskutieren gibt
weniger.
einfach nur
weniger.
wird klein geschrieben
weniger.
exportieren
weniger.
importieren
weniger.

produzieren
weniger.
ist
weniger.
ist gut und von allem für alle
weniger.
Reisen
weniger.
Fleisch
weniger.
Werbung
weniger.
wollen
weniger haben
und **mehr** sein.

Sie steht am Eingang des Hauses
und blickt hinab auf den Jungen.
Er steht dort unten,
ein paar Meter vor dem Baum,
und schaut sich um.
Woher weiß er, wo sie wohnt?
Warum schaut er jetzt zu ihr hoch?
»Da ist er!«, ruft sie Richtung Küche.
Borke antwortet: »Wer?«
Sie lässt den Zungenknopf über
die Schneidezähne streichen,
vor, zurück, vor, zurück.
Das beruhigt sie.
Und leise klickert es in ihrem Mund:
klick, klick, klick.
Jetzt sitzt der Junge unten am Baum,
als habe er alle Zeit der Welt,
der Baum, der Besucher, der Tag.
Alle Zeit der Welt.
»Wer?«, wiederholt Borke.
Sie wiederholt ihr Schweigen.
Borke singt, während der Junge
den Kopf in den Nacken legt
und zu ihr heraufschaut.

Blick von oben.
Blick von unten.

Augenblick.
Sie sieht ihn
und **er** sieht sie.

Sie ruft: »Was machst du hier?«
Er beschirmt die Augen.
Die Sonne ist grell.
»Kann ich zu dir hoch?«
Sie fragt: »Woher weißt du, dass ich hier bin?«
»Ich war bei deiner Mutter.«
Seine Stimme ist stark, obwohl das
Brausepulver in seinen Adern kribbelt.
»Bei meiner Mutter warst du?«
Johanna versteht die Welt nicht mehr.
»Sie hat dir gesagt, wo du mich findest?«
»Nein, Sarah hat es mir erzählt.«
»Meine Schwester?«, fragt sie
und muss an Sarah denken,
die sie jetzt so sehr vermisst.
»Ja. Deine Schwester will,
dass du zurückkommst.«
»Was geht dich das an?«
»Nichts«, sagt er.
»Und warum bist du hier?«
»Ich weiß nicht. Können wir reden?«
»Ich komme runter.«

Ben hat weiche Knie.
Der Wind zieht auf,
Blätter rauschen
und Vögel zwitschern.
Der Wald ist eine Bühne,
die Roadies machen die Instrumente klar,
der Ingenieur checkt den Ton,
die Band stimmt sich ein, gleich …
Wie aufregend all dies hier für ihn ist.
Wie geschärft seine Sinne sind,
aufgebraust und voller Brandung.
Jedes Geräusch und jedes Atmen
ein Sturm,
voll von Gefühl
für Johanna.

Sie wickelt das Seil um ihren Körper.
Das Klirren der Karabiner, ein Surren.
Hinab
aus der Krone.
Hinunter
bis zum Fuß.
Leicht wie ein beschwingter Gedanke ist sie.
Sie dreht sich um zu ihm.
Der Vorhang öffnet sich:
»Da du mich hier gefunden hast,
wirst du auch wissen, wie ich heiße?«
Er sagt: »Johanna.«
»Und du?«
»Ben.«
»Hör zu, Ben. Ab jetzt bin ich Flocke für dich.«
Sie sagt es fest, ganz sicher, ganz Befehl.

Er nickt und ihm ist warm im Hoodie.
Der Schauspieler **Ben**
hat seinen Text vergessen.
Genau hier mit ihr wollte er sein,
schwarz gekleidet wie sie und
er hat trotzdem Angst im Augenblick.

Verliebt

Ein weißes Blatt,
auf dem
er
nur
sie
denken kann,
steht er vor ihr.

Er hat ihr Gesicht

in Händen gehalten,
und sie seines
fast schon vergessen.

Ihrerseits
fest im Diesseits,
schnallt **sie** sich ab
und
lächelt ihn an.

Er interessiert sich für sie,
das weiß sie.
Sonst wäre er nicht hier bei ihr,
stünde er nicht hier vor ihr
und
lächelte sie an.

Ihr Herz klopft,
sie hat Interesse geweckt,
ist nicht irgendwer für ihn
und
lächelt ihn an.

Ihrerseits sicher
auf ihrem Territorium,
spürt sie seine Nervosität
und
lächelt ihn an.

»Komm, ich zeig dir mal die Siedlung.«

Seine Augen sind braun und hören.
Ihre Augen sind grün und reden
vom Widerstand,
vom Leben
in den Wipfeln, dort
spürst du jeden Hauch.
Warte nur,
bald lebst du auch.

Sie spricht mit den Händen
von der täglichen Mühe
des Wasserholens in Kanistern.
Sie bekommen es von einem Bauern,
schieben es auf der Schubkarre
von der Landstraße bis hierher.
»Der Alltag ist hart, erst recht,
wenn es kalt ist und regnet.
Möchtest du das?
Ganz ohne den üblichen Komfort.
Möchtest du das?«
Sie wohnt noch nicht lange hier,
erst seit dem Frühjahr,
trotzdem hat sie gefroren.
»Wir schließen keinen aus,
nehmen jeden auf – auch dich, Ben.«
Sie redet und zeigt hinauf zum Crown.
Borke singt von der Fledermaus.
Johanna deutet auf die Netze
zwischen den Bäumen.
Blau sind sie wie das Wasser.
Ist unser Pool, das Meer
zwischen den Zweigen.
Falls sie den Wald roden wollen,
springen wir in die Netze wie Fische.
Falls sie dann einen Baum fällen,
stürzen wir ab und sterben.
Deshalb müssen sie jeden von uns
vorsichtig aus dem Ozean fischen,

der Fang darf schließlich
nicht beschädigt sein.
Das verbietet das Gesetz,
sonst kriegen sie Ärger.«

Er schaut auf die bunten Armbänder
auf ihrem rechten Unterarm,
vom Handgelenk bis zum Ellbogen
ist jeder Zentimeter Haut belegt.
Alle Farben des Regenbogens und mehr.
Das ist hübsch, will er sagen.
Aber kein Wort verlässt seinen Mund.
Sie sieht seinen Blick und fragt:
»Gefällt es dir?«
»Sehr«, sagt er,
weil ihm alles an ihr gefällt.

Es ist zu früh, um glücklich zu sein.
Noch ist **er** nur nervös und fühlt
sich angezogen von ihr.

Sie schaut hinauf am Stamm,
er folgt ihrem Blick.
»Das ist Henriette«, sagt sie
und legt die Hand auf die Rinde.
»Henriette heißt die Eiche.
Oben im Baumhaus fühlst du
jede Bewegung von ihr.
Du fühlst den Sommer,
den Wind und die Windstille.
Alles ist ganz nah an dir
wie eine zweite Haut,
und alles dauert seine Zeit,
du schwebst in einem Körper,
der lebendig ist,
im Herbst vergeht
und im Frühling blüht.
Henriette ist ein Teil der Natur,
wie wir alle ein Teil davon
sein müssen.«

Sie: »Willst du hinauf ins Crown?«
Er: »Am Seil?«
Sie: »Ja, wie sonst?«
Er: »Ich traue mich nicht.«
Sie: »Ins Crown kommst du
nur mit Vertrauen.«

Das findet **Ben** poetisch,
aber er sagt es nicht
und lässt sich ans
Seil binden von ihr.
Er ist verliebt
und gefangen.

Er ist so nah am Baum,
an Zweigen und Ästen.
Es ist ein langer Weg hinauf.
Senkrechte und Waagerechte.
Wind bewegt die Blätter,
es raschelt unerwartet.
Ein Eichhörnchen
rast von Ast zu Ast,
von Baum zu Baum.
Das Netz der Bäume
über der Erde,
wo sich ihre Zweige berühren
in einem Spitzentanz.
Ihm ist mulmig zumute,
aber er will ins Crown,
und so findet er ganz oben
Johannas Gesicht,
in das er nun blickt.

Johanna redet.
Unter ihm der Abgrund
und der Karabiner ist gelöst.
Auf einem Holzbrett stehend,
hoch oben in der Baumkrone,
vor dem Eingang des Hauses.
Das Blätterdach um ihn so dicht,
verästelt wie seine Angst.
Schau nicht nach unten!
»Schau nach vorne
wie die Eichhörnchen!«
Er hat Todesangst und
sieht sich selbst, wie er dasteht
und im Herzen zittert.
»Es ist wichtig,
dass es viele Bäume gibt,
die dicht beieinanderstehen.
So kann das Eichhörnchen
von Baum zu Baum laufen
und das Leben fließen.«
Johanna redet.
Sie wickelt das Seil auf.
Sie kennt die Angst, die er hat.
»Du siehst nicht die Schienen,
wenn du den höchsten Punkt
der Achterbahn erreichst
und gleich nach unten fällst.

Das ist dein Gefühl, Ben.
Du weißt, es wird gut gehen
und wankst dennoch.
Das Brett bricht nicht!«

Aber **er** fällt
mit dem Kopf voran
ins Leben.

Verliebt sein

Leine
an der ich um dich
und du um mich
blind laufe
bin ich
gefangen
dich zu fangen
um frei zu sein mit
dir allein
zu sein.

»Willkommen im Crown.«
Die beiden sind nicht alleine.
Borke schneidet gerade Bohnen.
Sein Bart ist braunrötlich,
Haare wie Draht,
kräftige Hände,
direkt unter der Haut
fließen die Adern.
Borke kocht.
»Schau dich nur um, Ben.
Lern das Crown kennen.«
Küche und Schlafraum.
Borke kocht mit Gas.
Johanna erklärt:
»Er hat das offene Feuer
unter Kontrolle,
hier brennt nichts an.
Du siehst Seile, damit haben
wir das Crown an Henriette befestigt.
Das Baumhaus trotzt dem Sturm
und schützt uns im Regen.
Fast nur Seile wurden genutzt,
um Henriette zu schonen,
denn sie mag keine Nägel
in ihrem Holz.«

So viel Grün um ihn herum,
er kann sich schlecht orientieren.

»In welche Richtung liegt der Tagebau?«
»Dort«, zeigt sie
und klärt ihn auf:

»Der Wind trägt manchmal
die Geräusche der Bagger hierher.
Milliarden Tonnen CO_2
sind in der Kohle gespeichert.
Wir leben am Rand der Mäuler
auf der Insel im Wald.
Die Regierung hat schon einmal
die Siedlung geräumt,
Polizisten sind gekommen und
haben die Baumschützer weggetragen.
Das war vor meiner Zeit hier.
Sie nahmen Haus für Haus
und machten sie obdachlos.
Ein Baumhaus ist ein Haus und
muss dem Brandschutz genügen,
so sagte die Regierung.
Hier darf nichts Feuer fangen,
so sagte die Regierung.
Sie haben schon einmal geräumt
und werden es wieder versuchen.
Da bin ich mir sicher.«
Johanna ist aufgeregt.
Sie will, dass er ihr Leben versteht.
»Kohle ist Geld und Geld ist Kohle,
und Kohle brennt wie unsere Häuser.
Sie werden die gleiche Lüge
wieder verbreiten.
Sie rechtfertigen ihr Handeln
mit dem Feuerargument,

weil sie kein Argument haben.«
Sie redet und
die Schaufeln der Bagger
atmen die Erde aus.

Er blickt mit ihr in ihre Welt.
Sie ist klein, Küche und Schlafraum.
Was hatte er erwartet?
»Hier schläfst du also?«
»Mein Platz ist an der Wand.
Ich kann zwischen den Brettern
hinausschauen. Guck!

Die anderen wechseln oft ihren Schlafplatz.
Ich genieße so eine Art Kükenbevorzugung.
Sonst ist in der Kolonie alles für alle,
will keiner etwas in Besitz nehmen,
frei geben, frei leben, frei sein.«
»Und das da? Schreibst du Tagebuch?«
»Nein. Ich notiere Irrlichter.
Steht ja auch drauf.«
Sie schlägt das Büchlein auf.
Schwarz ist es und handgroß.
Bleistift auf Papier,
die Buchstaben stehen
eng beieinander
wie die Menschen
in der Bahn im Berufsverkehr.

»Ich mag die Wärme,
die dadurch zwischen
den Worten entsteht.
Aber meine Worte
sind verrückt.
Ich will die Welt verrücken.
Ich will irrlichtern.«
Und liest vor:

»Reißfeste Träume

Das E-Auto fährt über
die aufgequollenen Bäuche
der Bäume und bestreicht
sie mit Batteriesäure.
Bunte Seifenblasen wollen
grün waschen. Doch die Windräder
schneiden den Truthahn mit viel Tamtam an,
während bei Zara die Abziehbilder
ihre tägliche Haute Couture kaufen.
Erntedank steigt der Kurs der Aktien,
während der Wald bald
kein Wasser mehr ziehen kann.«

»Wo hast du das her?«
»Von mir.«
»Echt?«
»Ist noch nicht fertig.
Du bist der Einzige,
dem ich es bislang
gezeigt habe.«

Kein Buch, keine Geschichte
sind jemals fertig.
Sie werden immer wieder
neu geschrieben,
von jedem, der sie liest.

72 Liest du gerne?
Wir sind doch alle Lesewesen.

Johanna will mit ihm alles teilen,
weil sie ihn mag und ihm vertraut.
Johanna vertraut wenigen.
Nicht einmal sich selbst,
und sie weiß nicht,
warum sie gerade ihm
Vertrauen schenkt.

Sie fragt gedankenspringend:

»Gehört dir die Luft? Dir das Wasser?
Der Regen? Der Blitz und Donner?
Gehört dir die Erde?
Darf jemandem die Erde gehören?
Gehört dir der Wald?
Darf jemandem der Wald gehören?
Die Tiere? Die Pflanzen?
Gehören dir die Sterne?
Und warum steckt eine US-Flagge im Mond?
Darf jemand den Mond besitzen?
Wer ist so wahnsinnig, nur haben zu wollen?
Die Luft. Das Wasser? Den Regen?
Den Blitz und Donner? Den Wald?
Verwerten, entwerten.
Aus Dingen und Wesen
den Mehrwert schlagen.
Dabei sind wir alle verantwortlich
mit allem, was ist und wird,
was wächst und vergeht.
Höher, schneller, weiter,
das ist vorbei, dumdidelei,
die unendliche Haberei.«

Er will noch etwas sagen,
aber sie sagt nur: »Nope.«
Und legt ihm den Finger
fest auf die Lippen.

Sie hat recht in all ihren Fragen
zum Himmel, dem Regen,
der Erde und dem Mond.
Ben hängt an ihren Lippen.
Um sie herum der Raum im Baum
wiegt sich hin und her.
Sie sitzen auf der Matratze,
auf der sie sonst schläft.
Er ist ihr so nah
und will sie küssen,
aber er sagt nüchtern:
»Ich soll jetzt doch noch
eine Zahnspange kriegen.
Hast du eine gehabt?«
»Nein«, sagt sie.
Johanna klappt das Buch mit den Irrlichtern zu.
Er führt aus:
»Die Spange ist medizinisch notwendig bei mir.«
Das klingt vollkommen unromantisch.
Er weiß es, aber er ist nervös und
redet am Thema Liebe vorbei:
»Ich hätte sie schon viel früher kriegen müssen,
also die Zahnspange, meine ich. Denn mir fehlen
von Natur aus zwei Zähne im Oberkiefer.«
Sie sagt: »Kann von Natur aus etwas fehlen?«
»Weiß nicht. Ich will jedenfalls,
dass sie euch nicht wieder mit Gewalt
aus den Baumhäusern vertreiben.«

»Das Streben nach Liebe
ist ohne Gewalt«,
sagt Johanna
und umarmt ihn,
damit er besser
Luft bekommt.

Umarmung innig,
umschlingen fest,
er riecht ihr Haar,
Kastanie, Gras,
kein Shampoo.
Atmet ein, tiefer,
hält die Luft an,
um sie nicht zu nah
an sich zu lassen.
»Warte«, sagt er. »Ich …«
»Kein Stress«, sagt **sie**.
»Ich hab auch ein bisschen
gebraucht, um hier oben
anzukommen.«

Er nimmt ihr Büchlein.
»Darf ich?«
»Ja.«
Er liest leise.

ändere dich!

widersprich!
sei aufmüpfig!
kein Sieger!
menschlich! – auch gegen die Gesetze!
kompromisslos!
pass dich nicht an!
sei gegen die Gier
und sei nicht schlau,
sondern voller Schmerz
für die Welt!

»So sollte es sein«, sagt **er**.
»Und so ist es«, sagt **sie**.
»Jeder von uns weiß,
was gut und was schlecht ist.
Jeder spürt das.«

Sie sitzen so dicht beieinander,
82 dass es ihm und ihr fast wehtut,
sich nicht zu küssen.

Seine Augen sind braun und reden.
Ihre Augen sind grün und
hören ihn jetzt reden von dem,
was er gelesen hat,
was ihn bewegt.
Sie rückt ein Stück zurück
und lehnt gegen die Wand,
wirft ihr Haar zur Seite.
Er redet vom Widerstand
der Edelweißpiraten,
vom Leben im Krieg.
Als die Bomben fielen,
und die Erde verbrannte,
schrieben sie Parolen
an die Häuserwände:
Hitler ist ein Mörder!
Räder müssen rollen für den Sieg,
Köpfe rollen nach dem Krieg!
Sie trauten sich was.
Ben hat viel darüber gelesen:
»Du durftest nicht sagen,
was du denkst.
Ins Siebengebirge sind sie
gefahren und haben dort
ihre Lieder gesungen,
am *Dornheckensee*.«
Sie will auch dorthin.
Dornheckensee klingt
stark und sanft zugleich,

kratzbürstig und flauschig.
Was für ein schönes Wort:
Dornheckensee

»Sie haben ihr Leben gelebt
in der Natur mit einer Gitarre.«
»So wie Borke?«, fragt sie.
»So wie Borke«, antwortet er.
»Nur hätte Borke für seinen Gesang
mit dem Leben bezahlt.«

Und dann berichtet er
vom Mord am Bahndamm:

10. November 1944

Es war am Bahnhof Köln-Ehrenfeld,
genau dort, wo Ben zum ersten Mal
Johanna gesehen hat.
Sie war dort oben am Gleis,
er unten an der Gedenkstätte.

Wie es wohl damals war?
Der Himmel bewölkt,
Rekordniederschläge in Deutschland.
Das Kopfsteinpflaster glänzte
wie die schwarzen Lederstiefel der Gestapomänner.
Die Galgen schlampig gezimmert,
rechts und links senkrechte Balken,
ein langer Balken wurde waagerecht darübergelegt.
Noch ein langer Balken in Kniehöhe eingezogen,
auf welchen die Delinquenten gestellt wurden,
während sie über den oberen Balken
drei bis vier Stricke warfen.
Die Köpfe wurden hineingesteckt,
die Schlingen eng gezogen.

Es war eine wackelige Konstruktion,
das unbehandelte Holz hatte schon Wasser gezogen.
Solche Galgen gab es mehrere am Bahndamm.
Schließlich sollten dreizehn Menschen hängen,
darunter sechs Edelweißpiraten,
denen sie die Köpfe geschoren hatten.

Die Stricke bestanden aus Hanf.

Kein ausgebildeter Henker war anwesend,
der medizinische Kenntnisse gehabt und
den Todeskampf der Delinquenten verkürzt hätte.
Es waren allesamt ungelernte Mörder von der Gestapo,
voll von Faschismus, Durchhalteparolen und Hass.
Alles ohne Gerichtsprozess,
aber mit Schaulustigen.
Und wer nicht schaulustig war,
wurde zum Platz der Hinrichtung getrieben.
Einige Gestapoleute bewachten die Szene.

Der Balken, auf dem Günter Schwarz (16),

Bartholomäus Schink (16) und die anderen standen,
wurde ihnen unter den Füßen weggezogen,
am 10. November 1944.
Sie hatten Drogen bekommen,
damit sie nicht schrien, doch jetzt …
… begann die Qual für die hängenden Menschen,
denn am kurzen Seil gibt es keine Gnade.

Short Drop
Schmerzhafte Form der Todesstrafe.
Das Seil ist zu kurz, um durch den Fall in die Schlinge
einen Genickbruch zu verursachen.
Kopfschlagader, Wirbelsäulenschlagader
werden durch die Strangulation unterbrochen.
Es kommt zum Durchblutungsstopp des Gehirns.
Die Schmerzen müssen unbeschreiblich sein.
Zähle von zehn abwärts bis null, dann erst
endet der Schmerz und du bist bewusstlos.

Einem Delinquenten gelang es,
sich mit den Zehenspitzen an einem Holzstück zu
halten.
Ein Schaulustiger stellte seine Aktentasche ab,
er mochte Beamter oder Angestellter sein,
gepflegt, ganz auf Kurs und anerkannt,
trat er aus der Reihe, schritt zu dem Gehängten
und zog ihm das Holz unter den Füßen weg.
Alles hat seine Ordnung und Hygiene.
Dann ging er wieder an seinen Platz,
nahm seine Aktentasche und
sah zu, wie der Mensch erstickte.

Ob es an genau dem Tag war, als
sie die Edelweißpiraten Günther
und Bartel ermordeten, weiß
Ben nicht. Aber es geschah am Bahndamm.
Die Toten wurden später abgehängt

und aufgereiht, durchnässt – und
der Mann mit der Tasche spannte
sicherlich den Schirm auf.

Long Drop
Der Delinquent wird am Abend vor
der Hinrichtung vermessen:
Gewicht, Größe, Schulterbreite,
Hüfte, Bein- sowie Armumfang.
Der ausgebildete Henker errechnet
die Stricklänge (1,5 bis 2,6 Meter),
damit der Kopf nicht abreißt,
aber das Genick bricht,
wenn sich die Falltür öffnet
und das Volk erschauert.

In **Japan** ist es die gängige Todesstrafe.
Die Falltür unter dem Galgen wird gleichzeitig von drei Mitarbeitern ausgelöst.
Angehörige sind nicht zugelassen. Sie werden im Nachhinein informiert.

Woher er das alles wisse,
will sie wissen. Er wisse so viel.
Sie habe nie gerne gelesen.
»Wissen ist gut und schützt.«
»Nein«, sagt Ben. »Wissen allein
schützt überhaupt nicht.
Wissen ist nur Wissen.
Hitler wusste und war belesen.
Und heute?
Heute wissen die Menschen,
dass die Erde erstickt
und lassen sie ersticken.
Nur wissen schützt nicht.«
Sie fragt:
»Was schützt denn?«

Borkes Essen duftet
wie ein Wunsch.
Er kommt zu ihnen und sagt:
»Nehmt euch Teller und Gabeln.«

Ben fühlt sich schlecht.
Er ist kein Veganer,
nicht einmal Vegetarier.
Die Kartoffeln mit Bohnen
mag er.

Über dem Herd der Spruch:
Leistet wirklich Widerstand,
nehmt kein Gewehr in die Hand.

Borke redet von der Welt,
wie sie isst, wie sie essen sollte.
Jedes Wort macht Ben
ein schlechtes Gewissen.

Borke sagt: »Unsere Geschichte ist
die Geschichte von Fleisch,
Berufe wie Metzger, Fischer,
Angler, Schlachter,
Geschichten über die Jagd:
Moby Dick, Schneewittchen und
der Jäger, der die Leber und das Herz brachte.«

Borke sagt: »Es geht nicht nur darum,
gegen die Braunkohle zu demonstrieren,
es geht uns darum, andere Formen
des Lebens auszuprobieren.
Vegan ist kein Ersatz,
denk das nicht, Ben.

Nichts muss aussehen wie Wurst,
nichts wie Schnitzel.
Wir essen kein Fleisch.
Wir wollen nicht einmal die Worte,
die vom Fleisch erzählen,
von Braten und Salami,
von Frikadellen und Leberwurst.
Wir wollen nichts,
was auch nur so aussieht
oder vom Fleische kommt
und so ähnlich schmeckt.«

Bens Vater isst Fleisch,
seine Mutter isst Fleisch,
Rezepte werden von
Generation zu Generation
weitergekocht, aufgewärmt,
verfeinert zur Tradition.
Manchmal essen sie
vegane Fleischwurst.
Und Papa sagt:
»Die schmeckt wie die richtige.«

Die Illusion von Fleischklößen,
von Rostbratwürstchen,
von Fleischwurst, Bratwurst,
Cevapcici und Pudding.
Die Illusion durch Wasser,
durch Verdickungsmittel,
durch Fett,
durch Ersatz
und Künstlichkeit,
weil wir Illusion wollen,
weil es wie früher schmecken soll,
irgendwie wie früher riechen soll,
zaubern wir Eiweiße hinein
und Geschmacksverstärker.
Wir wollen Genusserinnerungen
an Hähnchennuggets,
an Döner und
den täglichen Sonntagsbraten
und immer wieder
Currywurst mit Pommes.

Borke erklärt:
»Keiner hier isst Fleisch,
trinkt Joghurt,
holt sich eine Ananas,
Mango, Kiwi oder
einen Paradiesapfel,
Äpfel vom Bauern gibt es,
mit und ohne Wurm,
Birne, Kleie, Mangold,
Spinat, Tomaten, Erbsen,
Kohl, Haferflocken,
und heute gibt es
Kartoffeln mit Bohnen.
Schmeckt es dir?«
»Ja.«

Johanna sagt:
»Ich bin weggelaufen,
von der Schule,
den Hausaufgaben,
Eltern,
Erziehung.
Ich bin geflohen.
Ich will nicht,
dass sie mich erziehen,
will keinen Stempel tragen,
kein sie oder er,
will unerzogen sein,
ohne Zeugnis,
ohne Markierung,
will mich nicht mit und
von ihnen den Fluss
heruntertreiben lassen.«

Er fragt:
»Was meinst du damit genau?«

Sie möchte nicht mehr
in Gegensätzen denken:
hell und dunkel,
schwarz und weiß,
folgt der dicke Mann
der schlanken Frau,
hoch und tief,
rechts und links
gehen Straßen ab
über Berg und Tal,
klein und groß,
Sieger und Verlierer.
Sie will das nicht mehr.

Ich frage: »Wie soll das gehen?«
Sie sagt: »Klatsch mal.«
Das tue ich.
Sie sagt: »Hast du das Geräusch gehört?«
»Meinst du das Klatschen?«
»Ja, das Klatschen. Hast du es gehört?«
»Na klar.«
»Jetzt klatsch mal nur mit einer Hand.«
»Wie soll das gehen?«
»Mach die Augen zu, halt die Hände still,
höre, wie du mit einer Hand klatschst, und
hör dir das Geräusch an.«
Ich schließe die Augen,
konzentriere mich

und dann
spüre ich
ihre Lippen
auf meinen Lippen.

Sie lächelt ihn an.
»Das ist das Gefühl, wenn du nicht
mehr in Gegensätzen denkst.«
Es ist ein gutes Gefühl
von Frieden ohne Krieg.

Es ist wie ein Schlag von Liebe.
Ben hat ihre Zunge gespürt,
spürt jetzt noch ihre Lippen

und schaut sie stumm an.
Er will hier sein,
genau hier
mit ihr.

Sie sagt:
»In unserer Sprache gibt es
kein Mann, kein Frau,
schon gar nicht
meine Frau und dein Mann,
auch nicht mein Kind,
kein Wort soll Besitz anzeigen,
streich ›mein‹ und ›dein‹,
kein Mädchen, kein Junge,
kein divers,
kein Weiß,
kein Makel,
kein Schwarz,
alle sind Mensch.
Nur Mensch.«

Ben versucht, sich auf ihre Worte
zu konzentrieren.
Sie redet Politik und
er will sie nur küssen.

Wir sagen:
»Wir sind die Guten.
Sie sind die Schlechten.«
Sie sagen:
»Wir sind die Guten.
Sie sind die Schlechten.«
Wir sagen:
»Wir sind die Guten.
Sie sind die Schlechten.«
Sie sagen:
»Wir sind die Guten.
Sie sind die Schlechten.«
Wir sagen:
»Wir sind die Guten.
Sie sind die Schlechten.«
Sie sagen:
»Wir sind die Guten.
Sie sind die Schlechten.«

Sie sagt:
»Irgendwann glaubst du dran
und vergisst ganz den Menschen.«

102 Der Gruppendruck ist am größten
in Gruppen von drei bis fünf Personen.

Du bist da.
Das Leben ist schön.
Das sind die Worte,
die er sagen will, doch
er kommt nicht dazu.

Er muss nach Hause.
Ein Zuhause kannst du auf- und
abschließen wie eine Truhe,
eine Tür, ein Fenster, ein Tor.
Im Wald gibt es keine Tür.

Am Aufzug aus Seilen
lässt er sich hinunter,
und während die anderen
Baumbewohner
ihnen schon im Wald
entgegenkommen,
zurückkehren
von der Versammlung,
gehen sie dicht beieinander
als seien sie ein Paar,
das mehr verbindet
als ein Zufall
an einem Bahndamm.

»Wann sehen wir uns?«
»Und wo?«
»Treffpunkt Ehrenfeld?«
»Bahndamm?«
»Ja, am Penny-Markt.«
Er steigt
in den Bus
ohne Kuss.

Und fragt sich:
Mag sie mich auch?

Er verlässt den Zug
nicht in Ehrenfeld, fährt
einfach weiter bis zum Dom,
geht am Rhein entlang,
vorbei am Schokoladenmuseum,
vorbei an den Kranhäusern.

Der Weg führt zum Skaterplatz.
Alleine sitzt er dort
und schaut den BMXern zu.
Er will nicht nach Hause,
nie mehr nach Hause,
zu seiner Mutter
und all den Fragen.

Die Eichen in seiner Straße sind noch jung,
sie reichen gerade mal bis zum zweiten Stock
und stehen doch schon eine Ewigkeit.
Er springt, hüpft, er könnte gehen,
aber er hat so viel Energie wie nie.
Den Hoodie hat er wieder um die Hüfte gebunden.
Vor jedem Haus ein Baum, ganz ordentlich.
Heute pflanzt keiner mehr Eichen in der Stadt,
die Erde ist zu trocken für die künftigen Riesen.
Achthundert Jahre wollen sie alt werden,
aber ihre Wurzeln bleiben ewig im Dunkeln.
Unten und oben, Erde und Himmel,
Nacht und Tag, Fuß und Krone – the Crown.
Ben spürt Johanna und stellt sich vor,
dass Henriette höher als all die Häuser ist,
dass Johanna ganz oben lebt
in der Krone der Welt.
Ob er beim Kuss das Piercing
in ihrer Zunge gespürt hat?
Er weiß es nicht, er wird sie wieder küssen.
Es muss schön sein,
wenn morgens der Nebel vergeht,
du über den Wald schaust und
die Vögel dich wecken.
Doch noch ist Nacht.
Ohne Handy weiß er nicht,
wie spät es ist.
Seine Mutter scheint wach,
es brennt Licht im Fenster.

Seine Mutter empfängt ihn
an der Tür mit gehetztem Blick.
»Bin im Stress, muss noch mal ins Büro«,
und sie will wissen: »Wo warst du?
Es ist gleich halb zwölf.
Du hattest heute Gitarrenunterricht.
Ich habe dich angerufen,
aber dein Handy war aus.«
»Akku war leer«, lügt er.
»Läuft es mit dem Referat
zu den Edelweißpiraten?«
Er antwortet kryptisch:
»Ich habe sie besucht.
Ich war auf den Bäumen.«
Sie ist irritiert – sagt jedoch:
»Na gut. Papa kommt frühestens
in einer Woche zurück.
Die Japaner brauchen
ihn noch länger in Kyoto.«

»Wood wide web.
Weißt du, was das ist, Mama?«
Seine Mutter schlüpft in die Collegeschuhe,
ihr Schuhlöffel ist armlang.
Sie trägt einen schwarzen Anzug.
»Wie kommst du auf wood wide web?«
Sie hört ihm nur mit einem Ohr zu.
»Bäume reden miteinander,
von Wurzelspitze zu Wurzelspitze,
verbunden durch Pilze, bitten sie
um Nährstoffe, um Information,
geben Zucker ab.
Falls Parasiten anrücken,
warnen sie sich gegenseitig.
Bäume sind riesige Lebewesen,
die miteinander tuscheln und flüstern.
Wir können sie nicht hören
und sie nur schwer verstehen.
wood wide web so wie world wide web.
Der Wald hält die Welt in Atem.
Er ist wichtig für uns.
Verstehst du?«
Ein letzter Blick in den Spiegel,
ihr Haar ist glatt und perfekt,
sie nimmt ihn in den Arm,
drückt ihn. »Später können wir reden«, sagt sie.
»Ich muss jetzt los.
Die Spinner im Hambacher Forst
haben ein Einsatzfahrzeug umgekippt.«

Er ist außer sich innerlich.
Er ist dort gewesen.
Wann soll das passiert sein?
»Welches Einsatzfahrzeug?«
Sie reagiert nicht.
Sprachlos schaut er auf den
Rücken seiner Mutter.
»Ich muss jetzt jedenfalls«,
wiederholt sie und dreht sich zu ihm.
»Sie haben eine Frau festgenommen.«
»Wie heißt sie?«
»Die haben Fantasienamen.«
»So wie die Edelweißpiraten«, sagt er.
»Die hießen auch Alaska-Bill oder Mucki.«
»Das waren die Guten«, sagt seine Mutter und
schmunzelt. »Alaska-Bill klingt übrigens schräg.«
Sie will ihn noch einmal drücken,
aber er lässt sich nicht erdrücken.

Ich war heute im Hambacher Forst.
Das ist es, was Ben ihr sagen will.
Ich habe ein Mädchen kennengelernt.
Doch er schweigt feige wie ein Stein,
der nie geworfen wurde.

Er ist der Sohn eines Ingenieurs,
der für *Bosch* in Köln und Kyoto arbeitet,
und der Sohn der Geschäftsführerin von
Save the Forest – Security Services.

Save the Forest

Wie heißt es in der Werbung?
Wir bewachen den Wald für Sie!
Wir schützen Ihren Wald!
Über 400 Mitarbeiter hat *Save the Forest,*
es muss viel Wald geschützt werden,
und seine Mutter ist die Chefin.
Über ihr nur der Inhaber.
Ben ist verzweifelt und
kämpft die Worte hervor:
»Kann ich mitkommen?«
»Was willst du im Büro?«
»Fährst du nicht in den Forst?«
»Nein, die Polizei ist vor Ort im Wald.«

Im Kühlschrank warten ein Joghurt,
Magerquark, vegetarische Frikadellen,
weil er sie sonst gerne mag,
Käse, Aufschnitt, Kerrygold gesalzen.
Tomatensaft, Milch und Licht.
Er drückt die Tür wieder zu,
nimmt sich aus dem Gefrierschrank Rahmspinat,
kocht Penne Rigate.

Am Ende sitzt er an seinem Schreibtisch
vor einer dampfenden Schüssel.
Kein Tier darin: Weizen, Gemüse, ein wenig Milch.
Er sitzt gerne hier und schaut auf den Bildschirm
und isst. Das ist er gewohnt.
Auf Youtube tippt er *Hambacher Forst* ein:
Aktivisten im Hambacher Forst.
Hambi bleibt. Kampf vorbei.
Harald Lesch: Warum der Hambacher Forst bleiben muss.
Räumung im Hambacher Forst.
Generation Waldbesetzung. Im Baumhaus gegen die Klimakrise.
Er findet nichts über den umgeworfenen Einsatzwagen.
Nicht einmal in den Nachrichten im WDR-Fernsehen.
Ben klickt sich zurück auf Youtube:
Räumung Hambacher Forst
Aktivisten werden breitbeinig
an die Polizeieinsatzfahrzeuge gestellt,
abgetastet und verhaftet.
Er muss an Johanna denken,
schiebt die Schüssel weg,
der Hunger wie weggeblasen.

Er liegt im Bett mit glühenden Gedanken
und hat ein Bild von ihr in sich
hinter den geschlossenen Augen.
Ein gesichtsloser Polizist bindet
Johanna die Hände auf den Rücken.
Der Waldweg ist in kaltes Blaulicht getunkt.
Ben steht neben Johanna und dem Polizisten.
»Sie ist unschuldig«, sagt Ben und weiß nicht,

ob er träumt oder nur fantasiert.
»Ich tu nur meinen Dienst«, erklärt der Polizist.
»Sie müssen mit ihrer Mutter reden.
Die ist dafür zuständig.
Ich tu nur meinen Dienst.«
Wieder wälzt sich Ben hin und her.
Seine Mutter verhört Johanna
und sie verrät ihren wahren Namen.
Ben erwacht schweißgebadet
und liegt bis zum Tag wach im Bett.

Ungewissheit …
… macht ihn unsicher.
Nur mit Johanna ist er sicher,
ist er in Freiheit.
Mit ihr kann er
eine Wolke fangen,
einen Gedanken werfen
und versteht die Sprache
des Lebens.

Seine Gitarre im Schoß
hockt er auf dem Mäuerchen
vor dem Parkplatz vom Penny-Markt.
Der ist gleich am Ehrenfelder Bahnhof.
Ben schaut hinüber zu einem Haus,
in dem der Lieferservice sein Quartier hat.
Die Fahrer sind jung und arm,
sie transportieren Nahrung
in Pappe und Plastik.
Ben hat sich die Haare nicht gewaschen.
Absichtlich! Er will unordentlich sein,
wenn er gleich hier Johanna treffen wird.
Ob sie kommt? Oder ist sie verhaftet?
Seine Schuhe sind noch schmutzig vom Wald.
Was soll er für eine Melodie spielen?
Was hat Borke gestern gespielt?
Direkt gegenüber vom Penny ist Balloni.
Der Laden für Ballons und Geschenkartikel.
Träume werden dort verkauft:
Luftballons, bunte Bänder, schönes Papier,
und es gibt nur Geschichten
mit einem Happy End.
Wer dort hineingeht,
vergisst den Untergang der Welt
und die Radfahrer vom Lieferservice nebenan.

Wie oft war er schon
mit seiner Mutter in dem Laden,
um Glück zu finden?

Du kannst Lächeln kaufen,
mit bunten Geschenken
einfache Gemüter verzaubern:
ein Luftballon wie Mickey Mouse,
eine Delfinwasserpistole,
ein Schleifchen oder eine Piñata
mit einem Bauch
voller bunter Überraschungen.
Kaufen und Glück
gehören dort drüben zusammen
wie Ebbe und Flut.

Doch das ist jetzt vorbei.
Das weiß **Ben**.
Das Spiel ist verdorben.
Kaufen und Glück
sind Katz und Maus.
Die Katze frisst die Erde,
hat Krallen und Schaufeln
und giert nach Blut.

Der Blick auf die Uhr: zu spät.
Wird sie nicht mehr kommen?
Ihm ist übel.
Was, wenn sie nicht kommt?
Er muss sich Mut machen …

… und er singt leise zur Gitarre
nach der Melodie von
Hejo! Spann den Wagen an:
»Wehrt Euch, leistet Widerstand,
gegen die Braunkohle hier im Land.
Auf die Barrikaden!
Auf die Barrikahaden!«
Ganz leise singt er,
weil er sich schämt,
als habe nur der Verkehr,
der an ihm vorüberfließt
ein Recht, laut zu sein,
als sei es schlecht, gegen
die falsche Energie zu sein.
Dann wird er lauter:
»Wehrt Euch, leistet Widerstand,
gegen die Braunkohle hier im Land.
Auf die Barrikaden!
Auf die Barrikahaden!«
Und er will auch kein Flüssiggas,
kein Gas aus Afrika,
keine Kohle aus Polen,
kein Öl, damit sein
Vater nach Kyoto fliegt.

»Hey, Ben.«
Sie umfängt ihn von hinten,
ganz fest,
er fühlt sich gut.
Ihre Stimme so dicht,
so warm und nah
an seinem Ohr,
dass es kribbelt.
Schlanke Finger hat sie.
»Du spielst ja Gitarre.«
Ihr Kinn liegt von hinten
auf seiner Schulter.
Sie küsst ihn auf die Wange
und setzt sich neben ihn.

Sie will ihm erzählen,
was passiert ist.
Er sagt: »Ich weiß, ihr habt
den Transporter umgekippt.«
»Woher weißt du das?«
»Nachrichten«, lügt er.
Oder soll er jetzt sagen,
dass seine Mutter
für die Security arbeitet?
Er schämt sich für seine Mutter
und ist doch ein Teil von ihr.

Was wohl die Edelweißpiraten
über ihre Eltern dachten?
Ob sie sich auch für sie schämten,
falls sie in der NSDAP waren?

Was wohl die Eltern der Edelweißpiraten
über ihre Kinder dachten,
als sie den Zug entgleisen ließen?

»Warum schaust du zum Bahnhof hinauf?«

»Weil die Edelweißpiraten am 20. April 1944 dort oben den Krieg sabotiert haben.«

Führers Geburtstag

Die Nachschubtransporte für die Front
ratterten über die Bahntrasse in Ehrenfeld.
Die Tage waren warm,
in der Nacht wurde es empfindlich kalt.
Und dies war die Nacht zu Führers Geburtstag.
Er sollte ein Geschenk bekommen,
eines, das er nicht mehr so schnell vergessen würde.
Aber was sollten die Edelweißpiraten ihm schenken?
Hitler hatte ja schon alles: Hass, Gewalt, Waffen.
Es war wohl Barthels Idee und er hatte auch die Pistole.
Sollten sie gefasst werden, könnte sie ihnen helfen.
Die Schatten der Edelweißpiraten stiegen durch die
Nacht.

Sie liefen an den Gleisen entlang,
das Tackern der Flak war zu hören,
und wie jede Nacht hagelte es Bomben auf Köln.
Sie erschütterten den Verstand der Menschen,
die in den Bunkern verharrten.
Die Freunde hier draußen aber waren bei klarem
Verstand.
Lichtkegel suchten den Himmel nach Fliegern ab.
Inmitten all des Horrors beschafften sie sich
Hemmschuhe.
Es waren Keile der Reichsbahn, die sie auf die Gleise
montierten.
Dann verschwanden sie wieder in der Nacht.
Ein Transportzug, beladen mit Holz und Fahrzeugen,

fuhr auf die Hemmschuhe auf und entgleiste sofort.
Schienen quietschten, der Zugführer schrie,
und dann war alles ganz still in all dem Elend der
Bombennacht.
Dieser Zug würde niemals an die Front gelangen.
Stattdessen blockierte er noch die übrigen Züge.

Johanna: »Effektiver Widerstand war das.«
Ihre Hand ruht auf Bens Oberschenkel,
während er die Gitarre im Schoß hält.
Er fragt: »Was glaubst du: Wo verläuft
die Grenze zwischen passivem Widerstand,
zivilem Ungehorsam, Aktivismus und Widerstand?«
Sie fragt: »Spielt das eine Rolle?
Es geht nur darum, das Richtige zu tun,
selbst wenn die Mehrheit das Falsche tut.
Wer unter Hitler dem System widersprach,
war ein Verräter oder Terrorist. Heute wäre er ein Held.«
»Also geht es nur darum, wer am Ende gewinnt
und die Menschen als Helden oder Terroristen
bezeichnet? Sagt das immer der Stärkere?«
»Für mich nicht. Für mich geht es um Menschlichkeit.
Wenn du jemanden erschießt, ist es falsch.
Wenn du jemanden erhängst, ist es falsch.«
»Aber wenn du dich nur wehrst
und deshalb jemanden tötest?«
»Für mich ist es trotzdem falsch.«
»Wie hätten sie denn Hitler aufhalten sollen?«
»Weiß nicht. Vermutlich gab es keinen anderen Weg,
als ihn und die Menschen hier mit Bomben zu bekämpfen.
Doch ich könnte es nicht wegen meines Gewissens.«
»Du hast die Kamera am Bahnhof besprüht.«
»Das war eine Kamera und kein Mensch.
Könntest du denn auf jemanden schießen?«
»Weiß nicht. Aber Bäume besetzen könnte ich,
und wohl auch einen Zug entgleisen lassen.«

Widerstand stirbt

Noch im selben Jahr
will Barthel
mit Gewehr und Gewalt
im »Endkampf«
als Partisan
die Nazis besiegen.

Doch er wird gehängt
am Bahndamm
im November.
Short Drop.
Er hatte eine Mutter
und einen Vater
und Zuschauer
haben applaudiert,
als ihr Kind starb.

Ben sagt: »Wenn sie dich festnehmen,
werde ich dir helfen.«
Sie nimmt ihn in den Arm.
»Du bist echt süß«, sagt sie
und küsst ihn,
schließt die Augen,
als wolle sie alles vergessen.
Nur der Kuss gilt.

»Wollten wir nicht eigentlich zum Dornheckensee?
Wo ist der überhaupt?«, fragt sie.
»Im Siebengebirge, gleich beim Drachenfels.
In der Gegend sind sie gewandert mit der Klampfe«
– er hebt seine Gitarre hoch und steht auf –
»und einem Lied auf den Lippen.«
Johanna nickt und kurz darauf steigen sie
die Treppe hinauf zum Bahngleis.
Er spürt den Gurt der Gitarre auf seiner Schulter.
»Ich komme mir komisch vor.«
»Wieso?«, will sie wissen.
»Ja, Gitarre. Wer hat schon noch 'ne Gitarre dabei?«
»Ist ein Handy besser? Oder Airpods?«
»Weiß nicht.«
»Wir machen im Baumhaus auch Musik,
weil wir nicht am Handy sitzen,
es gibt Zeit zum Lesen und zum Musikmachen.«
»Das verstehe ich«, unterbricht er sie. »Trotzdem
ist es mir irgendwie peinlich mit der Gitarre.«
Und nur seine Hand in ihrer hält ihn davon ab,
die Gitarre nach Hause zu bringen.

Sie steigen in die Bahn.
Johanna hat kein Geld,
ihr Ticket hat er bezahlt.
Die Fahrt geht am Rhein entlang.
Der Fluss wird weniger, jedes Jahr.
»Die Städte Bremen und Hamburg
werden irgendwann vom Meer verschluckt
und der Rhein wird ausgetrocknet sein.«
»Vielleicht können wir es noch aufhalten.«
»Du glaubst an die Wissenschaft,
die Maschine Alleswirdgut.«
Ben schaut aus dem Fenster,
die Wolken sehen aus wie Flügel
und er lenkt vom Thema ab:
»Weißt du, was damals
die Edelweißpiraten
über die Hitlerjugend
gesungen haben?«
Sie weiß es nicht.

Spottlied auf die Hitlerjugend

Wir sind vom Idiotenclub
und laden herzlich ein.
Bei uns ist jeder gern gesehn,
nur blöde muss er sein.
Bei uns herrscht die Parole:
Sei blöde bis zum Tod.
Und wer den größten Vogel hat,
ist Oberidiot.

Nach der Bahn kommt der Bus
und der Fahrer entlässt die beiden
direkt am Waldrand.
Ein Autoparkplatz ohne Autos
muss überquert werden,
eine Hinweistafel gelesen.
»Dornheckensee«, sagt er
und zeigt auf den blauen Tropfen
auf der Karte: »Dort waren sie.«
Mit »sie« meint er die Edelweißpiraten.
Das Siebengebirge ist grün wie ein Dschungel.
Oben auf einem Hügel der Drachenfels,
auf einem anderen der Petersberg,
wo Politiker in einem gigantischen Hotel
immer wieder Weltpolitik machen.
Sonst nur grün und trotzdem Verkehrsadern.
Hier und jetzt ist kein Mensch zu sehen.
Sie sind alleine, nur die Vögel und
die Abrollgeräusche der fernen Autobahn.
Die Gitarre trägt er links,
rechts tastet seine Hand nach ihrer.
Der Waldweg ist breit und die Luft im Wald kühler.
Es ist ein gutes Gefühl für ihn,
neben seiner Freundin zu gehen.
Er ist noch nie neben einer Freundin gegangen.
Es ist ein neues Gefühl, ein unglaubliches Gefühl.

»Hattest du schon einen festen Freund?«
»Ja«, sagt sie kurz angebunden.
»Aber wollen wir jetzt über meinen Ex reden?«
»Nein.«
»Paul war ein Idiot«, sagt sie trotzdem.
»Wir kannten uns schon von der Grundschule.
Er hat später auf der Gesamtschule
ein Mädchen fertiggemacht, sie gehänselt.
Sie hieß Jessica.«
»Deshalb hast du mit ihm Schluss gemacht?«
»Ja. Sie war mit uns in der Klasse.
Hübsch, knallrote Haare, sensibel,
einfach ein guter Mensch.«
Johanna bleibt stehen.

Ihre Augen sind jetzt dunkel wie ihr T-Shirt.
Sie streicht sich das Haar zurück,
als wolle sie die sanften Wellen glätten.
»Die haben Jessica kaputtgemacht.
Die waren wie Tiere, wie wilde Tiere.«
Ben weiß nicht, was er tun soll.
Johanna ist aufgewühlt, die Augen grün
und aufgeregt, als sei es ihr selbst passiert.
»Mobbing ist so was wie Faschismus,
die Arschlöcher geben keine Ruhe, bis du kaputt bist.
Dein Untergang ist ihr Ziel.
Du traust dich nicht mehr in die Schule.
Du weinst, hast Bauchschmerzen, bist alleine,
fragst dich, ob du es den Eltern, der Lehrerin,
dem Vertrauensschüler erzählen sollst.

Deine Mitschülerin tröstet dich,
aber der Trost hilft dir nicht wirklich.
Jessica hätte sich beinahe das Leben genommen.«

Als er nach Johanna
im Netz gesucht hatte,
hatte er sich zigmal
das Klassenfoto der 5b angesehen.
An ein Mädchen mit roten Haaren
kann er sich nicht erinnern.
Aber ist Erinnerung Realität?
Ist ein Foto Realität?
Wenn er jetzt Johanna fotografieren würde,
was würde das Foto zeigen?
Ein Mädchen mit schwarzen Haaren,
dabei war sie damals blond.
Während Johanna redet,
arbeitet sein Verstand im Hintergrund
und fragt nach dieser Jessica.
Es gab kein rothaariges Mädchen
auf dem Klassenfoto im Willkommensheft
des Jahrgangs in der 5b, nein.
Aber warum sollte Johanna ihn belügen?
Es gibt keinen Grund. Oder doch?
Hat er sie nicht auch schon belogen?
Mehr als einmal.
Lügen sind schneller
als jede Wahrheit.

»Jessica war bei dir in der Klasse?«
Sie sagt: »Ja, von der Fünften bis zur Siebten,
dann ist sie runter, hat sich geritzt.
Sie war das Opfer, sie hatte das Problem.
Er war ein Arschloch, er hatte kein Problem.
Sie schützen angeblich die Opfer,
überzeugen sie zum Klassen- und Schulwechsel,
während Typen wie mein Ex
in der Klasse bleiben
und sich das nächste Opfer suchen.«
»Ritzen ist gruselig«, sagt Ben.
»Ist das alles, was du dazu sagst?«

Was soll **er** anderes sagen?
Er will sie in den Arm nehmen,
aber sie geht weiter, als stünde sie unter Strom,
eine aufgezogene beleidigte Puppe.
Die Sonne fällt durch die Blätter,
ihre Schultern sind frei und braun.
Er hat Angst, sie zu verlieren,
irgendwo zwischen den Farnen
am Wegesrand.
Sie hat einen hübschen Po.
Das sieht er und findet sich falsch.
Wie kann er jetzt so etwas denken?
Einen hübschen Po?
Jungen sind Idioten. Er ist ein Junge
und folgt ihr.
Warum ist sie sauer oder beleidigt?
Er hat doch nichts Falsches gesagt.
Sie fühlt sich über den Hinterkopf.
Die Bänder an ihrem rechten Arm
sind das einzig Bunte an ihr,
sonst ist sie ganz dunkel gekleidet
und so weit weg von ihm.

Und was ist,
wenn sie das rothaarige
Mädchen war?
Wenn sie nur
mit den Bändern
an ihrem rechten Arm
die Narben verdeckt?
Er überlegt,
ob sie Linkshänderin ist?

Er beschleunigt seinen Schritt, geht neben sie
und legt seinen Arm auf ihre Schultern.
»Tut mir leid.«
»Du musst dich nicht entschuldigen«, sagt sie.
»Ich habe diesen Idioten nun mal geliebt,
aber er war kein guter Mensch.
Doch es gibt auch Menschen wie dich.«
Sie tut Ben leid, unendlich leid.
Ob sie deshalb im Wald lebt?
Ob sie deshalb neu startet?
Und eine bessere Welt sucht?

Menschen im Wald

Deutschland ist so dicht besiedelt
wie ein Gurkenglas.
Der Wald lässt sie frei atmen,
ist ein Rückzugsort
für bedrohte Menschen,
die in den Städten ersticken.
Im Wald kannst du dich nicht
so lange streiten wie daheim.
Du kannst nicht lange sauer sein,
sondern findest zurück
zu den Menschen.

Zuerst sieht **sie** nur einen Fetzen Wasser
zwischen all den Bäumen und Sträuchern.
»Da ist der See.«
Er nickt. »Dornheckensee.«
Schon stehen sie am Abhang.
Dort unten liegt die grüne Träne.
Auf der Karte war der See blau.
In der Ferne hinter dem Ufer
ist die Stadt Bonn zu sehen,
Straßen, Häuser, Post Tower.
Dunkle Wolken steigen
aus den Parks in den Himmel.
Menschen nennen es Grillgut,
essen totes Leben, Käse und
ein wenig Gemüse.
Die Autobahn im Hintergrund
schlängelt sich wie Lakritze
in der Sonne ins Rheintal.
Ein Lavastrom aus Autos und Lastern.
Westwind trägt die Abrollgeräusche
bis zu Johanna und Ben in den Wald.
Alles kommt hier zusammen,
obwohl es nicht zusammengehört.

Macht euch die Erde untertan
142 und herrscht über die Fische des Meeres,
über das Vieh und alle Tiere.

»Mach mal die Augen zu«, bittet **er**.
Sie schließt die Augen
und erwartet einen Kuss,
aber hört nur seine Frage:
»Hörst du die Brandung?«
»Hm.«
»Der Verkehr klingt wie das Meer.«
Sie sagt: »Ich war noch nie am Meer.«
»Nicht mal Nordsee?«
»Meine Mutter mag Berge.
Und mein Vater mochte uns nicht.«
»Wie meinst du das?«
»Er ist weggegangen.«
»Er mag dich bestimmt.«
»Glaub nicht.
Darf ich wieder die Augen öffnen?«
Und sie spürt den Kuss.

Sie sagt: »Manchmal träume ich,
die elenden Autos würden wie Zombies
die Richtung wechseln, wild rumrasen
und gegeneinanderfahren. Bäm, bäm, bäm.«
Er klopft auf die Gitarre.
Tock, tock, tock.
»Gab es damals schon die Autobahn?«
Johanna: »Hitler hat Autobahnen gebaut,
aber die hier bei Bonn? Ich weiß es nicht. Ist egal.«
Sie setzen sich auf die Bank *Schöne Aussicht*.

»Soll ich was spielen?«, fragt er.
»Kannst du?«
»Habe ich mir im Netz ausgedruckt.
Lieder der Edelweißpiraten.«
Johanna findet es gut, wie Ben nun
einen beidseitig bedruckten Zettel
aus dem Portemonnaie holt.
Sie schaut ihn an und dann auf den Zettel:
»›Wir bauen eine Straße‹ – komischer Titel.«
Er fragt: »Soll ich echt jetzt hier spielen?«
»Na klar – und singen.«

»*Wir bauen eine Straße*
bis an den Rand der Welt,
weit weg bis wo der Himmel
sich auf die Erde stellt.
Und weiter, immer weiter,
viel weiter, als ihr denkt,
bis wo der Sternenreiter
den Himmelswagen lenkt.

Wenn wir uns rüstig plagen,
sind wir am Abend dort,
dann fährt der goldne Wagen
uns müde Schaffer fort.
Hinaus in letzte Ferne,
wo nur noch Ruh und Licht,
viel höher als die Sterne,
wie hoch, ich weiß es nicht.«

»Das gefällt mir«, sagt sie.
»Ist ein katholisches Lied«, sagt er.
Johanna ist erstaunt. »Die Katholiken waren doch Nazis.«
Ben sagt: »Na ja, aber nicht alle.
Der Hitlerjugend war die katholische Jugend ein Dorn
im Auge.
Die Nazis hatten ihre eigenen Prinzipien.
Von Beten, Jesus und passivem Widerstand hielten sie
nichts.
Die Jungen sollten eher flink wie Windhunde,
zäh wie Leder und hart wie Kruppstahl sein.
Mit Birkenstocklatschen von Jesus geht das nicht.
In Naziaugen waren Männer eher wie Orks,
die im Kampf so richtig aufblühen.«

»Orks? Hä? Du bist total bescheuert.«
»Wir Nerds mögen halt Fantasy.«
»Und du bist ein Nerd? Oder was?«
»Ich brauch ein Einser-Abi.«
»Warum?«
»Ich will mal Medizin studieren.«
Sie nimmt sein Gesicht in ihre Hände.
Dann sagt sie: »Du wirst bestimmt ein guter Arzt,
Schönheitschirurg für Orks oder so.«
Er findet das witzig. »Was willst du denn werden?«
»Ich bin schon frei«, sagt sie.
»Dann darfst du dich nicht verlieben.«
»Warum?«
»Weil du dann an jemandem hängst,
sich die ganze Welt nur um den einen dreht.«

Die bitterste Wahrheit:
Im Moment des Verliebtseins
stirbt die Freiheit.

Johanna mag solch traurige Wahrheiten.

Und **sie** überlegt sich,
wie es wohl damals
gewesen sein mag,
als die Edelweißpiraten mit
ihren Gitarren an
der Aussicht standen.
Sie hörten laut die …

… **Trommeln in der Nacht.**
Denn von hier bis zum Himmel
ist es nicht weit.
Wenn die Luft klar ist,
kannst du unendlich weit sehen,
und in der Nacht unendlich weit hören,
die Edelweißpiraten sogar jene Bomben,
die auf Köln niedergehen.
Trommeln in der Nacht.
Bäm, bäm, bäm!
Büb ist einer von ihnen und
schaut hinüber über den See
ins Rheintal. »Hört ihr?«
Ja, sie hören die
Trommeln in der Nacht.
In Köln sitzen sie in Kellern.
Bunkerbrechende Bomben!
Bäm, bäm, bäm!
Sie sterben im Rhythmus
der Bomberverbände.
Und verstummen wie die
Trommeln in der Nacht.

»Haben sich die Edelweißpiraten
auch Baumhäuser gebaut?«
»Weiß nicht«, sagt Ben.
Darüber hat er nichts gelesen.
»Sie blieben wohl eher am Boden
oder versteckten sich in Höhlen.
Es ging ihnen um Natur.«
»Uns doch auch.«
»Sie wollten in der Natur sein,
die Natur erfahren,
nicht die Natur schützen.«
»Trotzdem wären Baumhäuser gut gewesen.
Du lebst in und mit einem Baum.«
»Damals war Widerstand halt anders.«
»Widerstand ist immer gleich«, sagt Johanna.
»Es geht immer darum, die Gier und
die Macht der Gierigen zu begrenzen.«

Was ist Widerstand?
Den Ausreden
entgegentreten,
beharrlich sein,
sabotieren,
riskieren,
womöglich sterben
und die falsche Maschine
aus dem Tritt bringen.

Die falsche Maschine …

… wird angetrieben
vom ungeheuren Konsum,
vom Verlangen nach mehr,
mehr Raum für sich,
mehr Reisen für sich,
mehr sein, als du bist
und dir zusteht
als Mensch.

Verboten-Schilder.
Sie klettert über die Absperrung,
geht direkt am Abhang entlang.
Der Weg ist gefährlich,
rechts unter ihnen der See,
geht sie nach links
in den Wald, der sie umfängt.
Das ist Johannas Element.
Sie ist Wildnis, frei, unvorhersehbar.
Sie bleibt stehen und sagt:
»Buchen und Eichen.
Alles wie im Hambacher Forst.«

Für Ben sehen die Bäume
gleich aus – wie die Ameisen,
selbst Sträucher vermag er
kaum zu unterscheiden,
nur in dornige und jene ohne Dornen.
Er hat keine Ahnung vom Wald.
»Ich muss die Arten der Bäume lernen.«

Sie dreht sich zu ihm um:
»Wenn du bei uns lebst,
kannst du jeden Baum
vom nächsten unterscheiden.
Denn keine Eiche ist wie die andere,
keine Buche wie die andere.«

Der Fingerabdruck der Bäume

Jeder Baum ist anders,
hat seinen Fingerabdruck.
Jedes Haus im Baum ist anders,
jedes Haus wiegt sich anders
im Wind,
im Sturm,
im Schnee
erkennst du den Baum
im Haus an seiner Bewegung.

Ein zugemauerter Eingang.
Sie sagt: »Der Weg dahinter
muss direkt in den Berg führen.«
Johanna ist aufgeregt.
Sie mag Geheimnisse.
»Ob die Edelweißpiraten
darin kampiert haben?«
Ben steigt über eine Wurzel nach oben.
»Direkt hier drunter muss der Gang sein,
den sie zugemauert haben.«
Er tastet vorsichtig mit den Füßen
den Boden ab, tritt kräftig darauf,
Zweige knacken, Mücken fliegen auf,
da gibt der Boden plötzlich nach:
Schuhe, Jeans, Gitarre, Hemd –
alles fällt mit Ben hinunter.

»Ben?! Ben?!«
Sie rennt zu ihm,
schaut zu ihm hinunter ins Loch.
»Kein Stress«, sagt er. »Alles gut. Nur …«
Er hält die kaputte Gitarre hoch.
»Die hat es leider erwischt.«
Johanna klettert vorsichtig zu ihm hinunter.
Die Wände des Lochs sind voller Wurzeln,

braun und feucht ist es in der Erde.
Er sagt: »Hätten wir eine Taschenlampe,
könnten wir sehen, wohin der Gang führt.«
»Es geht in den Bauch des Walfischs.«
Sie bückt sich, kriecht auf allen vieren
voran in die Dunkelheit.
»Bleib hier«, sagt er
und folgt ihr.

Die Dunkelheit macht auch ihr Angst,
Angst ist ein schwarzes Gefühl.
Du kannst sie besiegen: 159
mit dem Licht des Wissens,
dem roten Mut und den
Blüten des Edelweiß.

Er folgt ihr, das spürt **sie**.
Es ist nur Stein und Erde,
rechts und links, oben und unten.
Sie tastet sich voran,
die Knie schmerzen.
»Gut, dass wir kein Licht haben«, sagt **er**.
»Hier sind sicherlich überall Insekten?«

Der Gang wird so eng,
dass sie sich nicht mehr drehen kann.
Gleich wird sie feststecken.
»Kommst du noch durch?«
Er bejaht.
Dann endet die Dunkelheit.
Ein Licht ist vor ihnen zu sehen.
»Da ist eine Höhle …«

Johanna kriecht aus dem Loch.
Die Höhle ist riesig, lichtdurchflutet.
Darin sind Jugendliche, sie tragen
kurze Hosen, weiße Kniestrümpfe, Halstücher.
Sie haben sich ein Edelweiß angesteckt,
beachten Johanna jedoch nicht,
können sie Johanna nicht sehen?
Die Jungen und Mädchen reden
von einem Wadim Kraslow,
Zwangsarbeiter, versteckt wohne er
an der Venloer Straße und brauche Hilfe.
Ein Kerl, den sie Büb nennen,
zeichnet einen Galgen an die Wand.
Direkt über ihm schwebt eine Kamera.
Er sagt: »Räder müssen rollen für den Sieg,
Köpfe rollen nach dem Krieg.«
In die Schlinge malt er ein Hakenkreuz.
Johanna riecht den Staub der Straße.
Wo kommt der Geruch her? Dönerbude.
Fleisch wird verbrannt. Johanna wird übel.
Das Rattern der Karren über die Pflastersteine.
Sie hört die Züge rollen am Bahndamm Ehrenfeld
und all die Menschen in der Höhle.
Ein Mädchen mit Gitarre singt:
»Ganz einsam und verlassen an einer Felsenwand,
da liegt ein stilles Wasser, der Felsensee genannt.
Hier treffen sich Piraten vom Stamm der Edelweiß ...«
Ein Schrei durchschneidet die Luft: »Heil Hitler!«
Die HJ betritt die Höhle, zwanzig Uniformen, hart wie

Schalen,
in denen sich die Brut des Führers gut entwickelt.
Alle gleich, Fahrtenmesser, Abzeichen, nur Jungen.
Ihr Anführer will die Papiere sehen.
Die Edelweißpiraten lachen sie aus.

Das Mädchen mit der Gitarre sagt laut,
als wolle sie die Welt überzeugen:
»Papiere bruche mer nit.
Du kenns uns doch, du Sackjesech.«
Der HJ-Anführer greift nach ihrer Gitarre,
schnell wie ein Wimpernschlag ist seine Hand,
und er schlägt das Instrument
mit voller Wucht gegen den Galgen.
Ein Pirat stößt ihn daraufhin zur Seite.
Der Anführer fällt wie der Bauer im Schach.
Plötzlich sind Knüppel im Spiel,
Hitlerjugend vs. Edelweißpiraten.
Johanna steht mitten in der Schlägerei.
Sie streckt die Hand aus,
greift ins Leere, greift einem HJ-Jungen
in die Haare, doch es ist, als würde sie
einen Geist zu fassen versuchen.
Sie kommt nicht in die Szene.
Die Knüppel der HJ tanzen,
treffen Köpfe und Leiber, bis sich keiner
der Edelweißpiraten mehr rührt.
»Nein!«, schreit Johanna. »Nein!«

Er nimmt Johanna in den Arm und fragt:
»Was ist los mit dir? Du hast irgendwas geflüstert.«
»Was denn?«
»Es klang wie ein ›Nein‹.«
»Kann sein. Ich habe mir gerade eingebildet …«
Sie stockt.
»Ob sich die Edelweißpiraten hier getroffen haben?«
Er meint: »Groß genug ist die Höhle.«
Sie treten aus der Höhle.
Johanna sagt:
»Das mit deiner Gitarre tut mir leid, Ben.«
Er schaut sie an, sie schaut ihn an
und beide müssen lachen,
denn beide sehen im hellen Licht,
wie schmutzig der andere ist.
»Wir sollten baden«, schlägt er vor.
»Ich weiß auch wo«, sagt sie
und zeigt hinunter zur anderen Seite des Sees,
an der sich ein schmaler Strand direkt am Wasser
befindet.
»Und wenn Leute kommen?«, überlegt er.
»Dann können sie mit uns baden!«

Trotzdem traut **Ben** sich nicht.
So steht er da am See, der vom Ufer aus silbern glänzt,
und will auf keinen Fall die Unterhose ausziehen.
Eben war es ihm schon peinlich,
weil Johanna einfach nackt ins Wasser gegangen ist.
Sie dreht jetzt ab und schwimmt Richtung Seemitte.
Blitzschnell zieht er seine Unterhose aus,
steigt ungesehen ins Wasser.
Angenehm kühl ist es – nicht kalt.
»Johanna! Wo bist du?«
Da berührt ihn etwas an der Hüfte
und taucht auf aus dem Wasser.
»Johanna?!«
Sie lacht und spritzt mit Wasser.

»Johuuuuu!«, schreit sie vor Vergnügen.
Er wehrt sich, bespritzt sie ebenfalls.
Dann schaut sie ihn aus grünen Augen an
und es ist still.
»Nenn mich nicht mehr Johanna,
nenn mich Flocke.«
»Okay, Flocke.« Er schaut sie an.
Auf ihrer Nase sitzt ein Sattel aus Sommersprossen.
»Wie tief mag der See sein?«, fragt sie.
»Ungeheuertief«, witzelt er. »Gerade genug Platz
für ein nettes Ungeheuer so wie Nessie.«
Sie tauchen beide ab,
um die Haare sauber zu bekommen.
»Ich war im Schwimmverein«, sagt Ben.
»Tja, ich auch«, erklärt Johanna.

Schon krault sie auf und davon.
Ben folgt ihr und bekommt ihr Fußgelenk zu packen,
zieht sie zurück und an sich vorbei.
»Das ist nicht fair!«
Er stoppt und schwimmt zu ihr.
»Spielst du auch Gitarre?«,
fragt er irgendwann.
»Ja, aber nur ein bisschen.
Ich bin Linkshänderin.
Auf deiner Gitarre hätte ich
falsch herum spielen müssen.«
Das klingt doof: falsch herum.
Als seien Linkshänder falsch,
als sei die Mehrheit richtig.

Sie ist also Linkshänderin.
Er ärgert sich, sie nach
dem Gitarrenspiel gefragt zu haben.
Warum sucht er Indizien dafür,
dass sie mit den Bändern am rechten Arm
nur ihre Narben verdeckt?
Warum will er das wissen?
Sie schwimmen hier und jetzt
am Ufer des Sees entlang
und er sucht
nach den Monstern
der Vergangenheit.

Es ist der Ort, an dem **er** sein will,
am See liegend, die Sonne scheint,
der Schatten der Buchen ist lang,
ein Bach plätschert irgendwo.
Ben liegt neben Johanna,
nackt und nur zu zweit.
Sie streichelt ihm über die Brust.
»Da oben ist die *Schöne Aussicht*,
von der wir auf den See geschaut haben.«
Er sagt es, beschirmt seine Augen
und schaut auf die andere Seeseite.
Sie schaut nur auf ihn.
»Hattest du schon mal was mit einem Mädchen?«
Er würde gerne die Wahrheit sagen,
aber er lügt mit einem Nicken.
»Schließ die Augen«, befiehlt sie
und streichelt weiter seine Brust.
»Ich mag es, wenn da keine Haare sind.«
Da hört er Stimmen und sagt:
»Hörst du das, da kommen …«
Zu spät.
Zwei Frauen mit drei Mädchen
und sechs Zöpfen biegen
in den Weg zur Bucht.
Sie sprechen Russisch oder
Ukrainisch oder Polnisch,
so genau weiß das Ben nicht.
Jedenfalls sehen die Kinder
Ben und Johanna dort liegen

und kommen trotzdem näher.
Panisch greift Ben nach seiner Unterhose.
»Guten Tag«, sagt eine der Frauen
und breitet eine Stranddecke aus.

»Du musst dich nicht schämen, Ben.«
»Das tu ich aber.«

Die Krallen der Scham …
… fahren dir in den Nacken,
sind der Kern der Angst,
dein Verstand setzt aus.
Ungewissheit, Zweifel
entwickeln sich von klein auf,
lähmen dich.
Shame on me.
Shame on you.
Schämen vor sich selbst,
vor den anderen.
Zu dick, zu dünn,
wie sollst du sein?
Speck und Knochen,
guter Ruf, dein Stolz.
Shame on me. Shame on you.
Du bist nicht fit, nie fit genug.
Komm doch in den Hungerklub.
Die neuen Mitglieder dürfen
essen, bis sie sich erbrechen.
Lache aus Scham!
Weine vor Scham!
Igel dich ein, zeig Stacheln vor Scham!
Bleib du zu Hause,
weil du dich nicht schätzenswert findest.
Sie lachen dir ins Gesicht
und schämen sich nicht
für ihre dummen Scherze,
die dich ins Herz treffen.

»Den Kindern hat es gar nichts ausgemacht,
dass wir nackt waren.«
»Warum auch?«, sagt Johanna.
»Weil es nicht normal ist.
Kinder ekeln sich vor der Nacktheit Erwachsener.«
»Warum eigentlich?«
Er weiß es nicht, aber er sagt:

»Es war ein guter Ort, sich besser kennenzulernen.«
Sie halten Händchen,
steigen weiter den Weg hinauf,
gehen immer oben am Abhang entlang,
unter ihnen liegt der schwarze See,
und bald haben sie die Bushaltestelle erreicht,
an der gerade der Bus vorfährt.

Im Bus ist es kühl.
Die Klimaanlage tut gut
in der Hitze des Tages.
Ben sagt: »Sie versuchen, das CO_2
aus der Luft zu holen und
in riesigen Tanks zu speichern,
damit es dem Klima nicht schadet.«

Gashülle

Wir stehen auf der
Oberfläche des Planeten.
Um uns herum ist eine Gashülle.
Seit 380 Millionen Jahren
gibt es Bäume.
Durch sie stieg der Sauerstoffgehalt
in der Gashülle bis auf 35 Prozent.
Heute sind es noch 21 Prozent.
Jedes Jahr produzieren
die Menschen mehr und mehr CO_2,
werden sie mehr und mehr Menschen.
Vor 380 Millionen Jahren
hatte die Erde die geniale Idee Baum.
Manche Menschen holzen die Bäume ab,
als hätten sie eine bessere Idee.

Sie hält seine Hand und
er ihre in dem
schwankenden Bus
den Berg hinab.

An der Haltestelle der Bahn
schauen sie aneinandergeschmiegt
aus dem Zug nach Köln
und sind ganz gemeinsam
verliebt.

Wenn zwei Flüssigkeiten
ineinanderfließen
und sich Rot ergibt.

Sie sitzen am Rhein auf den Stufen,
die Beine hochgelegt – entspannt.
Hand in Hand, Kopf an Kopf.
Zusammen zu sein, ist alles.
Sie in seinem Arm, er in ihrem.
Auf der anderen Rheinseite
steht der beleuchtete Dom,
ein Riese auf einem Berg.
Die Nacht hat sich den Tag geholt,
unmerklich, aber schon verdaut.
Das Tuckern der Kähne.
All die Verliebten küssen sich
auf all den Stufen, all die Jungen
und Mädchen quatschen auf
all den Stufen.
Abend am Rhein.

»Der Himmel hat die Sterne angemacht.«
»Das klingt schön, Ben. Schreib es auf.«
»Ich würde gerne Lieder schreiben.«
»Tu es. Du hast schöne Bilder im Kopf.«
»Ja, ja, werde ich schon noch machen.«
Ein Frachter mit Kohle kämpft gegen den Strom,
ihm folgt ein zweiter, lang wie eine Hauptstraße.
»Früher haben sie Baumstämme den Fluss
hinunter geflößt. Sie haben sie aneinandergebunden
zu gigantischen Flößen, die Tannen wurden im
Schwarzwald
gefällt und den Rhein hinunter nach Holland gebracht,
wo sie zu Masten auf Schiffen wurden.«
Sie sagt: »Unsere Bäume werden nicht entwurzelt
und als Mast auf einem Schiff enden.
›Fest verwurzelt sollt ihr sein,
ein Raum für Nester und Höhlen.‹
So sagt es Borke, und dass wir im grünen Meer leben,
und die wankende Festung dem Sturm standhält.
›Oben im Ausguck sind wir unerreichbar für die Gier
der Welt.‹«
»So etwas sagt er?«
»Borke ist ein Poet, falls es so was noch gibt.
Du weißt doch, wie er singt. Wir haben viel Zeit im
Wald.
Ein paar von uns schreiben Tagebücher.«
Sie fühlt sich gut bei Ben, wiegt den Kopf hin und her,
wie Henriette das Crown hin und her wiegt.
»Es ist ein Gefühl, als schaust du nachts

in den übervollen Sternenhimmel.
Ganz klein bist du, hilflos,
und dennoch ein Teil von alldem.«

Am Ehrenfelder Bahnhof.
Johanna trägt keinen Schal,
keine Kapuze, ihr Blick frei
hinauf zur Überwachungskamera.
Das Objektiv ist noch immer geschwärzt.
»Gut hast du das gemacht«, sagt Ben.
»Die Kamera ist blind.«
Sie drückt seine Hand fester,
sie rennen die steile Treppe
vom Bahnsteig hinunter.
Die Straße ist voll wie am Tag.
Ehrenfeld schläft nie.
Es ist dunkel und warm.
Jede Nacht Party,
Leute mit Bierflaschen,

Biobrause, Fritz-Kola,
Wodka Lemon in Dosen,
Baklava von Damla,
Tee und Gebäck um Mitternacht.
Sie schlendert mit Ben
hinüber zum Bahnbogen
des Ehrenfelder Bahnhofs.
Ein Obdachloser hat in der
Gedenkstätte für die Edelweißpiraten
Obdach für die Nacht gefunden.
Ein Sessel, ein Sofa, ein Tisch,
sogar ein paar Inliner stehen bereit,
ein Garderobenschrank.
Er hört laut ein Violinkonzert.

Es schallt im Bahnbogen
wie in einer Kathedrale.
»Violinkonzert von Bach«, sagt Ben.
»Ich mag dich«, sagt sie.
Sie küsst ihn spaßig schmatzend,
lässt seine Hand los, lacht.
Johanna springt auf und ab,
tanzt zu Bach,
dreht kleine und
dreht große Kreise,
er kommt zu ihr
mit einem Kuss
dreht sich die Musik,
zieht sie ihre Bahnen
wie die Planeten
und um sie beide
fliegt die Welt.

Schneeflocke, denkt er.
Schnee und Flocke.
Im Sommer fällt kein Schnee.
Du kannst nicht immer alles haben.
Das ist das Schöne.
Du kannst dir Schnee auf dem Foto anschauen,
einen Weihnachtsfilm streamen,
von jetzt auf gleich eine Pizza bestellen,
aber hier und jetzt fällt kein Schnee.
Es wäre ein Wunder,
ein wunderbarer Moment,
weil du ihn nicht bestimmen kannst,
wenn plötzlich im Winter der Schnee fällt,
die ersten Flocken tanzen vom Himmel,
du kannst es nicht verhindern,
es nicht herbeiführen.
Das ist ein Wunder.
Er ist froh, dass sein Handy weg ist.
Mit dem Handy konnte er sich
immer und überall die Zeit vertreiben
und weg war die Zeit.
Jetzt tanzt er mit Flocke.

Die Musik ist plötzlich aus.
Hat er das mit dem Kuss bewirkt?
Das Stück von Bach war noch nicht zu Ende.
Der Obdachlose liegt immer noch
auf dem Sofa und hat sich nicht bewegt.
Er hat die Musik nicht ausgeschaltet.
Wieso ist die Musik aus?

»Hier genau standen die Galgen.«
Ben sagt es, und weiß nicht, warum
ihm gerade dieser Satz jetzt einfällt.
»Ja, genau hier müssen sie gestanden haben.«
Johanna schaut erstaunt.
»Was redest du da? Das macht mich traurig.«
»So habe ich das nicht gemeint.«
Ben redet hilflos, will die Musik zurück,
sich mit Flocke im Tanz drehen,
keine traurige Johanna.
Sie sagt: »Warum sind Menschen nur so?
Warum haben sie die anderen umgebracht?«
Er nimmt sie in den Arm, fester.
»Nicht alle sind so wie die Nazis.
Es gibt auch den Menschen, der am Kreuz starb.«
Johanna schaut ihn fragend an, er sagt:
»Die Edelweißpiraten sind für uns gestorben.
Du steigst für uns hoch ins *Crown*,
handelst, wie wir handeln sollten.
Der Widerstand hat immer wieder
ein neues junges Gesicht.
Jetzt bist du es.«

Für die gute Sache einstehen.
Was ist die gute Sache?
Du spürst es.
Genauso wie du spürst,
wenn du Böses tust.
Warum tun Menschen böse Dinge?
Weil sie Ausreden finden.
Sie sagen, sie müssen es tun.
Sie sagen, sonst tut es ein anderer.
Sie sagen, dass sie allein nichts ändern können.

Sie will sehen,
wie er wohnt.
Er will ihr zeigen,
wie er lebt.

»Eine echt hübsche Allee«, sagt sie.
Es seien alles Eichen,
Henriettes Kinder,
die an der Straße stehen.
Ob er Geschwister habe,
will sie wissen.
»Nein.« Aber sie hat eine Schwester.
Ohne diese hätte er Johanna
niemals aufgespürt.
Sie lacht über das Wort »aufgespürt«.
»Das klingt nach einem wilden Tier,
das es aufzuspüren gilt.«
»Für mich warst du wild«, sagt er.
»Ich hatte echt Angst vor …«
Sie gibt ihm lachend
einen flüchtigen Kuss.
»Hier wohnen wir.«
Direkt vor seinem Fenster
wächst eine Birke.
Das Licht ist nur noch Dämmerung.
Von weit her hören sie Musik
durchs Klappfenster und
Geruch von Gegrilltem.
Nachbarschaft feiert irgendwo.
Johanna dreht sich auf seinem Schreibtischstuhl,
sieht die Xbox und die Playstation.
»Das ist Luxus«, sagt sie.
»Wie Amazon Prime, Netflix,
Disney+ und Sky zusammen.«

Sie schaut auf die Schüssel,
aus der er gestern gegessen hat.
»Rahmspinat?«, fragt sie.
»Ja, ich liebe Spinat.
Hast du Hunger?«

In der Küche ist es dunkel,
aber im Kühlschrank
hat sich noch Licht versteckt.
Es gibt Milch und Kopfsalat,
wieder vegetarische Fleischklößchen,
direkt neben *Kerrygold* gesalzen.
»Von optimalen irischen Kühen«, sagt **sie**.
»Ja, is klar.« Ben ist ein wenig eingeschnappt.
»Ich weiß, Borke würde es bemängeln.«
»Borke schon, aber ich«
– sie zieht das Gefrierfach auf –
»liebe *Magnum Mandel.*«
Kindheit, der Geruch von Schwimmbad,
Sommer, Pommes mit Mayo.

Sie zieht ein Eis aus der 6er-Packung.
»Und eure saubere Toilette liebe ich auch,
mit Klo und Waschbecken und
fließend Wasser. Das alles gefällt mir.«
Ben grinst keck:
»Habt ihr keine Putzfrau im Baumhaus?«
Sie lachen, die Schokoglasur knackt auf dem Eis.
Die beiden stehen in der Einbauküche,
genießen das Eis,
während über dem mächtigen Mittelblock
mit seinen vier Induktionsherdplatten
ein Raumschiff von Dunstabzugshaube schwebt
und nun ebenfalls Licht spendet.
»Ich mag dich«, sagt sie
und geht ihm voraus in sein Zimmer.

Sie zieht sich das T-Shirt über den Kopf.
Er sieht ihre Brüste, ihren Hals.
Er mag es, wenn das Schlüsselbein
unter der Haut zu sehen ist.
Ihre Brüste schaut er nicht an.
Das hat er schon am See vermieden.
Ihre schwarze Jeans rutscht zu Boden.
»Darf ich zu dir kommen«, fragt sie.
»Gerne«, sagt er, als ginge es darum,
ob sie sich noch ein Magnum nehmen könne.
Sie hockt sich aufs Bett.
Jetzt muss ich mich ausziehen, denkt er.
Und an ein Kondom denkt er.
Er hat kein Kondom.

»So lagen wir heute schon einmal«, sagt sie.
Johanna will bei ihm sein,
er ist so ehrlich und so wenig protzig
und hübscher, als er ahnt.
»Ich war gerne bei dir im Baumhaus«, gibt er zu.
»Ich würde gerne dort leben.«
»Was hält dich davon ab? Jeder kann bei uns mitmachen.
Allerdings hast du im Baumhaus keinen Wasserhahn.
Und die Toilette ist auch nicht komfortabel.
Geduscht wird mit einem Plastikkanister,
der über dir baumelt. Da ist alles anders.«
Er sagt: »Ich will nicht mehr falsch leben.«
»Was redest du da? Du kannst nicht falsch leben.
Du kannst nur anders leben. Jeder hat seinen Weg.

Du weißt schon, dass wir in Oaktown die ganze Zeit
gegen Gesetze verstoßen, weil wir im Wald leben.
Das ist Landfriedensbruch. Das Gelände gehört RWE.
Wir riskieren jederzeit, in den Knast zu gehen.«
Er schweigt, dann sagt er: »Der Wald gehört niemandem,
niemandem das Land, niemand darf die Luft, das Wasser,
den Rhein und das Meer besitzen.
Das hast du mir gesagt. Und es stimmt.«
»Du willst wirklich bei uns leben.«
Er nickt und sie verrät ihm:
»Wir werden die *Aktion Tierlieb* starten.
Und lassen ein gigantisches Transparent von der
Hohenzollernbrücke hinunterhängen.
Darauf ist der gespaltene Kopf einer Kuh zu sehen.
Und darunter steht ›Guten Appetit‹.«

»Wann ist die Aktion?«
Irgendwie denken sie nicht mehr an Liebe,
nicht mehr an Berührung. Sie erzählt ihm alles,
so als würde sie ihn schon ewig kennen
und dann unterbricht er sie mit einem Kuss.
Er hört nichts und alles,
küsst Johanna,
spürt ihren Atem,
streichelt ihre Brust,
ihren Bauch,
ist ganz versunken …

»Ben?!«
Die Stimme seiner Mutter.
Sie klopft nicht an,
sie steht einfach in der Tür,
ein Schatten auf Stöckelschuhen.
»Ben?«
»Mama?«
Er zieht die Bettdecke
panisch über Johannas Kopf.
»Bist du bescheuert?«, sagt die daraufhin.
»Wer ist da?«, spricht seine Mutter in die Dunkelheit.

»Flocke«, sagt er.
Seine Mutter tritt ein wenig zur Seite.
Das Licht aus dem Flur fällt
wie ein Schwall Wasser kalt in den Raum,
in dem vorher nur er und sie waren.
Seine Mutter schaut sich um,
ihr Blick wandert,
sie erkennt Johanna.
»Hallo«, sagt sie zu ihr.
»Hallo«, sagt Johanna.
»Ich muss sofort mit dir sprechen, Benjamin.«
Er möchte in einem Erdloch verschwinden.
Wie kann sie nur so sein?

Wieder steht er in der Küche.
Seine Mutter sitzt am Esstisch,
er steht am Küchenblock.
»Nein, Mama. Sie geht jetzt nicht.«
»Sie muss. Ich will so eine Person
nicht in unserer Wohnung haben.«
»Sie ist meine Freundin.«
»Das Mädchen ist eine Aktivistin. Das weißt du, oder?«
»Na und? Sie macht es nicht für sich, sondern für uns
alle.«
»Ja, ganz sicher.« Seine Mutter spottet: »Ansonsten,
ja, ansonsten geht sie regelmäßig zur Schule
und wird später mal Medizin studieren und
Flüchtlingskindern kostenlos helfen. Stimmt's?«
»Du bist so böse!
Und das alles geht dich nichts an, Mama!«
»Oh doch, denn du bist mein Kind.
Wir haben übrigens über jeden von denen eine Akte.
Deine Freundin habe ich gestern noch auf dem
Bildschirm gehabt.
Deine Flocke heißt in Wirklichkeit Johanna.«
»Woher weißt du das?«
»Informanten«, sagt seine Mutter.
Ben ist entsetzt: »Unter den Bewohnern
der Baumhäuser gibt es Verräter?«
»Es gibt immer Verräter, die du kaufen kannst.
Übrigens: Sie war schon mal im Gefängnis.
Hat sie dir davon erzählt?«
»Ihr kriminalisiert die Aktivisten,

obwohl sie das nur für uns tun.«
»Für mich tun sie es nicht. Also:
Hat sie dir davon erzählt?«
Nein, das hat sie nicht. Ben sagt:
»Wir kennen uns ja kaum, Flocke und ich.«
»Und du liegst schon mit ihr im Bett.«
Seine Mutter stockt. Dann sagt sie:
»Sie soll sofort gehen. Raus mit ihr!«
»Dann gehe ich mit.«
»Ohne deinen Computer und die Konsolen?«
Das klingt spöttisch.
Andere Mütter wären einfach wütend,
aber sie ist ein böser Clown.
»Ich hasse dich!«, schreit er.

»Und Flocke gehört ins Jugendgefängnis«,
sagt sie und schreit nicht. »Du bist mein Kind.
Ich will nur, dass du keinen Fehler machst,
den du später einmal bereust.
Verlieben ist kopflos.«
Sie sagt die bösen Worte
niemals laut, ist beherrscht,
nie kopflos ihr Denken,
was ihn wütender macht.
Ihre Worte sind eiskalte Waffen,
die sie hervorschnellt:
»Das Mädchen muss gehen.
Sag ihr das.
Kurz und bündig.
Aus und vorbei.«

Wieder wirft er die Tür zwischen
sich und seiner Mutter zu.
Er will sie nie wieder sehen.
Nie wieder.

Der Ästling und …
Wird er ein Ästling werden?
In den Wald ziehen,
ausziehen von zu Hause.
Ein Vogel, der das Nest
vor seiner Zeit verlässt.

194 **… die Rabeneltern**
Früher haben die Menschen geglaubt,
Raben seien schlechte Eltern.
Sie würden ihre Kinder aus dem Nest stoßen.
Dabei suchen die Rabenkinder
viel zu früh das Weite.
Und schaffen es oft nur zum nächsten Ast,
wo die Eltern sie dann füttern
oder sie von der Katze gefressen werden.

Er stößt die Tür auf.
Johannas Blick ist starr.
Sie ist angezogen.
Das Licht brennt.
»Ich gehe«, sagt sie.
»Du musst nicht gehen.
Das war nur meine Mutter.«
»Sie arbeitet für die Security.«
»Woher weißt du …?«
»Ich habe sie schon im Forst gesehen.
Aber ich konnte nicht ahnen,
dass sie deine Mutter ist.«
Er schämt sich und
will Johanna nah sein,
aber sie ist so weit weg, ganz weit weg.
Er steht da, in Unterhosen auf dem Teppich.
»Das ist doch nicht so wichtig,
was meine Mutter ist.«
»Warum hast du es mir dann nicht erzählt?«
Ihm fällt kein Argument ein,
denn Feigheit ist kein Argument,
sie ist eine Charaktereigenschaft.

So geht sie an ihm vorbei
und ist fort.

Er schaltet das Licht aus
und wartet im Dunkeln.
Ben ist wie ein Kind,
das die Augen schließt,
bis die Welt repariert ist.
Er hat nicht gehört,
dass die Wohnungstür
zugefallen ist.
Er wartet im Dunkeln,
dann geht er in den Flur.
Doch sie ist nicht mehr da.
Auch nicht vor der Tür,

auch nicht vor der Haustür,
auch nicht auf der Straße.

»Was machst du da?«
Seine Mutter schaut aus dem Fenster
und sagt: »Komm wieder rein, Ben.
Oder zieh dir zumindest Schuhe an.«
Doch er geht barfuß,
in Unterhosen und ohne T-Shirt
um den Block.
Kein Mensch auf der Straße.
Er setzt sich auf den Stromkasten
an der Ecke und schreit:
»Fickt euch alle!«

All die anderen schlafen.
Borke sitzt unten am Feuer
und zupft auf der Gitarre.
»Das klingt gut«, sagt sie.
»Eine Kantate«, sagt er.
Borke ist ein Träumer und
spürt sogleich Johannas Not.
Er fragt nicht nach,
sondern summt die Melodie.
Dann fragt er: »Liebeskummer?«
»Irgendwie.«
»Willst du lieber alleine sein?
Du kannst ins Safe Space.«
Es ist ein kleines Baumhaus,
das Borke unweit von Henriette
in einer Buche gebaut hat,
nur für sich, wenn er mal für sich sein muss.
»Und du?«
»Ich schlafe im Crown
auf deinem Platz.«

Sie wollte Ben,
ihn halten,
ihn festhalten,
ihn besitzen.
Sie hat einen Fehler gemacht
und möchte weinen.
Warum hat er ihr
nicht die Wahrheit gesagt?
Die Buche neben Henriette
wird Casa Nova genannt.
Johanna klettert hinauf.
Alles für alle,
aber dieses Haus
ist Borkes Safe Space.

Es gibt ihr Sicherheit,
wenn **sie** die Kletterseile hochzieht,
so, als würde sie den Anker lichten.
Sie ist hier oben allein
auf dem schaukelnden Baum.
Wind kommt auf in all der Hitze.
Sie schaut auf die Planken des Walkways,
der Lichtjahre über dem Boden
von Baumhaus zu Baumhaus führt.
Wenn die Piraten vom Hambacher Forst
die Taue kappen, weil die Polizei
sie aus ihren Nestern holen will,
dann können nur noch die Freibeuter selbst
über die Walkways von Baumhaus
zu Baumhaus gelangen, sie sind
die Nerven und die Baumhäuser Synapsen.
Niemand kann Johanna jetzt mehr
vom Boden aus erreichen.
Sie legt sich auf den Rücken.
Der Boden ist hart, es gibt nur
eine dünne Matte und ein Kissen.
Sie schaut durch das Dach
aus durchsichtiger Folie und
sieht den Mond und die Krone.
Keiner kann sie mehr erreichen.
Höchstens die Käfer und Träumer,
die in der Rinde leben.
Aber niemals Ben und
die Häscher seiner Mutter.

Und endlich einsam
vermisst **sie** ihn
unendlich einsam

In der Nacht trommelt der Regen
auf ihr Dach, der Tag ist noch nicht wach.
Es stürmt, Gewitter entladen sich.
Johanna wacht auf aus traurigem Traum.
Das Wasser ist laut und der Wald ein Schwamm.
Ein solches Unwetter war längst überfällig.
Endlich Regen nach so langer Zeit.
Ein Regen wie ein Vorhang
– undurchschaubar.
Das Haus wiegt hin und her,
um sie herum ein tosendes Meer.
»Flocke! Flocke!«
Das ist Borkes Stimme.
Er kommt über den Walkway.
»Ja! Ich bin wach!«
»Ich hab mir Sorgen gemacht.«
Borke geht die Seile ab,
vertäut das Haus,
kontrolliert jeden Gurt.
Dann hockt er sich zu ihr,
weil zwei hier nicht liegen können.
»Was ist los? Hast du Angst?«
»Ich will ihn nie wieder sehen«, sagt sie.
Borke entgegnet ihr,
sie solle die Liebe zulassen
genau wie den Schmerz.
»Nur hassen darfst du nie.«
Sie ist sauer. »Wenn du wüsstest,
wer seine Mutter ist, würdest du anders reden.«

»Weiß nicht, wer sie ist,
und will es nicht wissen«, sagt er.
Borke ist durchnässt vom Regen, Fusselbart,
Haare, Shirt, Hose, alles ist nass.
Sie fragt:
»Willst du wirklich nicht wissen,
wer seine Mutter ist?«
Er schüttelt den Kopf. »Nein.«

Borke fragt:
»Was glaubst du,
wer Ben ist?
Ist Ben seine Mutter?
Ist Ben sein Vater?
Bist du deine Mutter?
Bist du dein Vater?
Deine Eltern werfen
einen Anker in dir,
geben dir einen Namen,
Kultur, Religion, Sprache.
Aber selbst wenn sie dich
Chris nennen oder Christiane,
kannst du Jude, Moslem
oder ein Buddhist sein.
Oder jemand,
der nicht glaubt,
einen Gott und die Götter
zu haben.
Also: Was glaubst du,
wer Ben wirklich ist?«

Borke fragt, ob sie nun schlafen könne.
Oder ob er noch Gitarre
zur Trommel des Regens spielen soll.
Sie will nicht,
will noch ein bisschen schlafen
und schläft ein.

Eine Piñata schwebt über ihr.
»Schlag zu! Schlag schon!«
Mit einem Hieb schlägt **sie**
gegen das schwarze Einhorn.
Aus seinem Bauch fallen helle Worte und
zerspringen auf dem Waldboden.
Es sind Liebe und Zuneigung,
Kuss und Verständnis.
All die Erinnerungen liegen
verteilt zwischen den Blättern.
Johanna sieht den fetten weißen Käfer,
der sich nur die Vokale heraussucht
und sie genüsslich frisst,
während ein Mädchen in der Tasse sitzt
und noch etwas ziehen soll wie ein Teebeutel,
damit der Geschmack vollkommen ist.
Der Käfer frisst und frisst.
Es knistert wie das Plastik im Meer.
Ehe Johanna noch den Sinn versteht,
tritt sie auf den Käfer
und schaut nach oben.
Da ist kein Einhorn mehr
und auch der Regen ist vorbei,
der Sturm und die Blitze.
Sie schlägt die Augen auf.
Das Schwarz der Nacht ist weg,
das Grün des Tages überall.
Die Stimmen sind verklungen
und sie steigt aus der Tasse.

Sie hatte einen Albtraum,
ihre Augen sind noch verklebt.
Johanna steht leise auf,
wankt über den Skyway
hinüber zum Crown, ganz leise.
Sie will niemanden wecken.
In der Küche ist noch Tomatensalat
von gestern, ein paar Würfel Tofu
und weiße Bohnen.
Sie mag geräucherten Tofu,
fühlt sich müde und elend.
Gleich wird sie hinüber zu Wurzel gehen,
er und Kringel müssen heute Wasser
für das Dorf holen.
Und sie will ihnen dabei helfen,
will irgendwas Sinnvolles tun,
um sich abzulenken
von all den Gefühlen für Ben.

Er frühstückt lustlos.
Seine Mutter:
»Ich bin froh, dass sie gegangen ist.«
Er sagt: »Ich habe sie nicht weggeschickt.
Sie ist wegen dir gegangen.«
»Sag ich ja.«
Seine Mutter wiederholt,
sie sei die Falsche gewesen.
»Du wirst bald eine andere finden.«
Er will die Ohren abschalten.

»Willst du mein iPhone?«
»Nein«, sagt er.
»Du willst kein Handy?
Ich hole mir sowieso ein neues.«
»Brauche ich nicht.«
»Sebastian hat übrigens
auf den AB gesprochen.
Vielleicht wollt ihr was machen,
schwimmen oder …«
Dann gibt sie ihm einen Kuss
aus der Ferne auf dem Weg zum Flur.
»Tschüss! Viel Spaß! Ich muss!«

Er hört Sebastians Nachricht
auf dem Anrufbeantworter ab.
Sie ist von gestern.
Das ist so lange her.
Er und Ben schienen für ewig
im Sternzeichen Jungfrau verwurzelt.
Es war zweisame Einsiedelei,
abgeschottet von den Herden,
die eine Klasse bildet,
zockten sie früher Tag für Tag.
Sebastians Stimme klingt
wie aus einer vergangenen Zeit,
als Mädchen noch doof und
Küsse nacktschneckenekelig waren.
Jetzt sehnt er sich nach ihrem Kuss.
Sebastian will sich nur
in den Urlaub verabschieden.
Da Ben kein Handy mehr besitzt,
ist er nicht über WhatsApp erreichbar,
und damit schwer erreichbar für die alte Welt.
Er hört sich die Nachricht erneut an.
Sebastians Stimme ist dünn,
sein Freund weiß nichts von Johanna,
nichts von Bens neuem Leben,
ahnt nichts vom Schmerz,
dem Kribbeln und Verlangen,
das die Liebe mit sich bringt.

»Ruf mich an. Fliegen erst morgen.«

Das sind die letzten Worte.
Ben überlegt, ob er ihn zurückrufen soll?
Er schaut aufs Display.
Rufunterdrückung.
Er hat Sebastians Nummer
nur im Handy, nicht im Kopf,
genau wie all die anderen
aus seinem alten Leben.

Während **Johanna** sich
auf den Weg macht,
Wasser zu holen,
macht **er** sich auf den Weg
zu ihr, weil er nicht
ohne sie sein kann.

Von der Bushaltestelle geht es
über den Feldweg hinein in den Wald.
Barrikaden sind aufgebaut,
Autoreifen aufgetürmt, Gruben ausgehoben,
Windschutzscheiben übereinandergestapelt,
Regenwasser von der Nacht in den Pfützen,
kreuz und quer liegen Baumstämme, Metallträger.
Es ist, als würde im Wald Krieg geführt
und der Feind ist die Polizei.
Die Barrikaden sind illegal,
jedes Baumhaus ist illegal,
widerspricht dem Gesetz.
Aber ist es moralisch, den Wald zu schützen?
Keiner kann den Wald abholzen,
solange sich die Baumschützer
nicht von den Bäumen holen lassen,
sich an die Bäume ketten,
sich unter Moosen in Höhlen verbergen.
Der Weg führt tiefer in den Wald,
mehr Barrikaden, rechts Hütten,
links ein Baumhaus, noch eines,
hoch oben sind die Nester.
Am Ende des Weges, gerahmt von Bäumen,
leuchtet das Blau des Tages, dort ist der Tagebau.
Rechts führt der Weg nach Oakland …

Auf dem Pfad ein Schild an einem Baum:
Tut mir leid, mein Kind,
aber wir haben die Welt
aufgefressen.

Noch ein Schild an einem Baum:
Wir sind vernünftig.
Wir leben wie Menschen
in der Natur und
holen die Affen aus den Autos,
aus ihren Fliegern,
ihren Häusern,
holen sie in die Natur.
Wir sind die Vernünftigen.
Ihr seid die Räuber,
ihr seid die Verbrecher.

Darunter liest er klein geschrieben:

Die Gierigen
berauben uns der Erde,
berauben uns der Heimat
und wollen uns auf ferne Planeten
verfrachten,
wo sie uns wieder
Eigenheime und Autos verkaufen
und Zinsen nehmen.
Wir hoffen, dass unsere Wohnung,
unser Haus, unsere Aktien teurer werden,
wir günstig verkaufen können,
weil wir selbst die Gierigen sind.
Einer muss verlieren,
sonst kann der Gierige
nicht profitieren.

»Du sollst von deinem Bruder nicht Zins nehmen, weder für Geld noch für Speise noch für alles, wofür man Zinsen nehmen kann.« (5. Buch Mose, 23, Vers 20–21)

»Diejenigen, die Zins nehmen, werden nicht anders dastehen als wie einer, der vom Satan erfasst und geschlagen ist.« (Der Koran, Sure 2, Vers 275)

Ben sieht Borke oben im Baumhaus.
Der holt ihn hinauf ins Crown.
»Flocke kommt gleich zurück.
Willst du was mitessen?
Ich koche gerade.«
Nein, Hunger hat Ben keinen.
Ben ist nervös wie vor einer Klassenarbeit,
nein, es ist schlimmer, viel schlimmer,
obwohl es ihm hier oben schon besser geht.
Ob es die schwindelnde Höhe ist?
Oder das Grün um ihn herum?
Fast ist es, als sei das *Crown* ein Nest,
als wolle er hierher zurück, um fliegen zu lernen.
»Hat sie Ihnen was erzählt?«, fragt Ben.
»Ihnen?«
»Dir«, sagt Ben. »Ich bin durcheinander.«
Der Sessel ist bequem, obwohl er keine Beine hat.
»Irgendwie cool«, sagt Ben und Borke meint:
»So sitzt man halt nicht so hoch.
Wir leben ohnehin schon in der Baumkrone.«
»Ihr tut hier wirklich was«, sagt Ben.
Borke nickt. »Stimmt.« Und er sagt ganz klar,
als habe er jedes Wort, jeden Satz durchdacht:

»Ja, okay, wir sind hier, um gegen
die Rodung des Forsts zu kämpfen.
Aber es ist mehr.« Kurz hält Borke inne
und probiert an der Suppe.
Dann gibt er eine Prise Salz hinzu.
»Also, es ist mehr als nur Kampf.
Denn tief im Wald findet sich
auch ein Stück Kindheit von all jenen,
die in unseren Kolonien leben.
Hänsel und Gretel haben sich im Wald
verlaufen und ihr Glück gefunden,
Rotkäppchen begegnet uns, Robin Hood
und ein grausamer Wolf im Wald,
der Omas zum Frühstück frisst
wie andere Toppas in Milch.
Wir leben auch im Wald, weil wir
uns einbilden, hier sei die Luft frisch.
Gleich dort drüben ist die Autobahn,
aber wenn du den Wald betrittst,
glaubst du, die Luft sei gesünder.
Du spürst den Geist des Waldes,
atmest *frische Luft* und fühlst dich
verbunden mit all den Riesen.
Der Wald ist das Haus des Lebens.
Unter dir ist die Erde weich
wie eine Fußmatte vor der Wohnungstür,
auf der *Willkommen* steht.
Der Wald ist unendlich,
ein Traumort

und ein Ort für Träumer,
die an ein besseres Leben glauben:
gerechter, ökologischer,
Menschen im Einklang
mit Menschen, mit sich selbst
und mit der Natur.
Ich bin Realist und Träumer.
Du denkst bestimmt,
du bist wegen Flocke hier,
aus Liebe oder so.
Ganz sicher bist du das,
aber du bist auch hier,
weil hier der Ort ist,
an dem du Freiheit spürst,
dich das Wesen Wald umgibt.

So ein Gefühl bekommst du
nicht im Auto, egal, wie schnell du fährst,
nicht beim Fallschirmsprung,
egal, wie tief du fällst,
nicht beim Bungee-Jumping
oder beim Strandurlaub.
Du hast das Gefühl nur im Wald,
wo du auf Wegen läufst,
die sich verlaufen können
und im Traum enden.
Der Wald ist tief im Menschen,
weil wir Jahrtausende im Wald
und auf den Lichtungen gelebt haben.
Nur hier kann alles beginnen,

deshalb darf dieses Wesen Wald,
das uns ganz und gar umgibt, nicht sterben.
Niemals darf es so kommen,
sonst sterben auch die Träume
von einem gerechteren Leben.«

Ben ist überwältigt.
Aber die Suppe mag er nicht.
»Keine Tomaten.«
»Keine Tomaten?«, wundert sich Borke.
»Ich mag keine Tomaten
und keinen Käse. Ich glaube,
ich bin der einzige Mensch,
der keine Pizza mag
und keine Spaghetti mit Tomatensoße.«
»Vermutlich«, sagt Borke und
schlürft die Suppe vom Löffel,
während Ben liest,
was auf dem Zettel an der Wand steht:

»Das Rauschen am Morgen.
Der Baum ist noch versunken
im Weiß des Morgennebels
setzt er die Blätter wie Abertausende
winzige grüne Segel,
kappt die Wurzeln,
es geht auf und davon,
mit Rauschen und Flattern
hinauf in den neuen Tag.«

»Das hat Flocke geschrieben.
Sie liebt Worte«, schwärmt Borke.
»Wann kommt sie zurück?«
»Ich habe keine Uhr. Du?«
Tatsächlich hat **Ben**
auch keine Uhr dabei.
»Kaum einer in Oakland hat eine Uhr.
Wenn es hell ist, sind wir wach.«
»Und Tage? Habt ihr Tage?«
»Nur wenn es sein muss.

Wichtig sind Jahreszeiten.
Du musst dich wärmer anziehen
oder weniger anziehen.
Und die Nahrung ändert sich,
weil sich alles ändert
im Frühling und im Winter.«
»Welche Jahreszeit magst du?«
»Sommer. Im Herbst und Winter ist es kalt.
Da brauchen wir Energie.
Eindeutig Sommer und Tomaten.«
Ben lacht und hört Stimmen.
Borke sagt: »Sie kommen zurück.«

Im Nu ist Ben wieder im Seil,
und lässt sich ab, läuft rückwärts
am Baum herunter.
Dann stoppt er,
schaut sich um.
Dort kommt Johanna
mit zwei Männern.
Sie haben beide langes Haar.
Sie hat ihres hochgesteckt.
Sie hat ihn noch nicht entdeckt,
ist vertieft in ein Gespräch.
Die beiden Männer ziehen
eine Karre hinter sich her.
Wasserkanister sind darauf gestapelt.
Mit einem Schlag fürchtet er,
abgewiesen zu werden.
Zu spät.
Er hat wieder
den Waldboden unter den Füßen
und sie vor Augen.
Schwarze, weite Hose
und Stiefel kommen näher.
Ob sie sein Herz hören kann?

Sie will ihn gar nicht mehr loslassen.
Sie dreht sich mit ihm im Kreis.
Sie und er und
festhalten.

»Verziehen?«, fragt er.
Sie lächelt.
»Erinnerst du dich an die Musik?«
»Welche …?«, flüstert Ben ihr ins Ohr.
Dann weiß er wieder, was sie meint.
»Bach?«, fragt er.
»Ich hab dich vermisst«, sagt sie.

Doch da durchbricht ein Schrei den Wald.

»Feuer!«, schreit Borke. »Feuer!«

Johanna schaut hinauf zum Crown,
dann schaut sie Ben an.
Er sagt: »Ich hab nichts damit zu tun.«
Warum sagt er das?, fragt **sie** sich.
Warum verteidigt er sich?, fragt sie sich.
Sie feuert Worte ab gegen ihn:
»Deine scheiß Mutter hat dich also geschickt.
Sie weiß genau, wie sie uns treffen kann.
Das ist so elend!«
Sie wendet sich ab von ihm.
»Geh«, befiehlt sie,
ohne ihn eines Blickes zu würdigen.
»Geh einfach weg.«
Das Crown brennt trotz
des gestrigen Gewitters.
Johanna kann es nicht verstehen.
Wieder Bens klägliche Stimme:
»Ich weiß auch nicht, wie das passiert ist.
Ich hab nichts damit zu tun.«
»Hau ab!«, sagt sie. »Kapierst du's nicht?!«
Borke scheint endlich
den Feuerlöscher gefunden zu haben.
Jedenfalls ersticken die Flammen.
Aus.

Sie dreht sich um.
Ben ist weg, einfach weg.

Es gibt kein richtiges Leben im falschen.
Sein Leben ist falsch. Alles ist falsch.
Seine Mutter fragt ihn,
warum **er** Sebastian nicht
mehr getroffen habe.
»Geh bitte aus meinem Zimmer, Mama.«
»Ist es noch wegen dieser Johanna?«
»Nenn sie nicht so! Sie heißt Flocke!«
»Du spinnst.«
»Und du kapierst gar nichts.«
»Sollen wir etwa die Kohle von den Australiern kaufen?
Oder noch mehr Flüssiggas von den Amerikanern.
Das ist alles der letzte Dreck für die Umwelt.
Wir haben hier kaum Energie,
wollen aber unendlich viel produzieren.
Bis die Windräder stehen, sind wir pleite.
Hier geht es abwärts im Land.
Merkst du es nicht, Ben?
Du bist alt genug, um mitzudenken.
Wir sind bald nicht mehr konkurrenzfähig.
Unsere Produkte werden zu teuer.«
Er sagt: »Wir sind die letzte Generation, Mama.«
»Sag so was nicht. Sonst klebst du dich nachher
auch noch mit den Händen auf der Straße fest,
um den Verkehr aufzuhalten.
Ich will das nicht.
Versau dir nicht die Zukunft.
Ich liebe dich zu sehr, Ben.«

Die Edelweißpiraten haben Flugblätter gedruckt,
in Briefkästen und Gebetsbücher gesteckt,
einen Zug mit Konserven gekapert,
das Fleisch an Hungrige verteilt,
Plakate an Bunker geklebt,
Parolen geschrieben.
Wer bringt die Farbe mit?
Wer steht Schmiere?

Schornsteinfeger hat einen Rucksack
voll von Flugblättern
von der Kuppel des Bahnhofs
regnen lassen.
Wahrheit
beidseitig
bedruckt.

Die Wahrheit war damals so einfach.
Die Wahrheit ist heute so kompliziert.

Ben ist wach.
Hellwach.
Der Bildschirm vor ihm leuchtet.
Er hat noch nie so etwas geschrieben
wie über die Edelweißpiraten.
Wieder und wieder liest er den Text.
Er schreibt und schreibt
über die letzte Generation,
und dass seine Mutter
auch schon dazugehört.

»Die letzte Generation
bist auch du und es und sie
und er und jeder und jede
und jedes, in jedem Fall
sind wir dazu gezwungen,
vernünftig zu reagieren,
weil die Regierungen
unvernünftig agieren
und die Augen verschließen
vor dem Notwendigen.

Sind wir dazu gezwungen,
zu demonstrieren,
den Verkehr aufzuhalten,
auf Bäumen zu leben
und Nein zu sagen
zum neuen Haus,
Nein zu neuer Kleidung,
Nein zu Öl, Gas, Kohle, Atom,
Nein zum Verreisen
aus Lust und Laune.

Die letzte Generation
darf nicht die letzte sein
ist die letzte, die noch
den Sturm aufhalten kann.
#Lebenserklärung«

Er druckt den Zettel aus,
hängt ihn an seine Zimmertür
und dreht den Schlüssel zweimal herum,
dann vergräbt er sich in seinem Zimmer,
während draußen die Welt verbrennt.

Seine Mutter klopft an.
»Was soll dieser Zettel?!«
»Lass mich in Ruhe.«
»Ich bin nicht unruhig, Ben.
Du beunruhigst mich.
Mach die Tür auf.«
Sie sagt es provozierend ruhig,
so als habe sie die Logik gepachtet.
»Dein Vater ist am Telefon.
Er will mit dir reden!«
Seine Mutter reicht ihm ihr Handy
durch den Türspalt.

»Ja, Papa.«
»Wie geht es dir?«
»Ich lerne.«
»Du hast doch Ferien.«
»Ich mach freiwillig das Referat über Widerstand.«
»Die Edelweißpiraten?«
»Exakt. Und dann noch …«
»Mama hat mir alles erzählt.«
»Was meinst du mit ›alles‹?«
»Das mit dieser Johanna aus dem Hambacher Forst.«
»Stopp, Papa. Hast du kein schlechtes Gewissen,
dass du mehrmals im Jahr nach Japan fliegst?«
»Das ist meine Arbeit. Was möchtest du denn?«
»Dass du nicht mehr fliegst.«
»Ich also nicht mehr arbeite?
Wir also weniger verdienen?«
»Andere verdienen auch weniger.«
»Du willst also nicht mehr in den Urlaub,
dir was erlauben, gut essen, gut leben?«
»Was meinst du mit ›gut leben‹? Etwa
eine zu große Wohnung? Heizen?
Neue Klamotten?«
Sein Vater entgegnet ihm nichts darauf, schweigt.
Ben fragt: »Folgst du mir auf Twitter?«
»Nein.«
»Da kannst du lesen, was ich denke.
Hashtag Lebenserklärung.«
»Worum geht es denn?«
»Lies, Papa. Lies es einfach.«

»Was ist mit dir los, Ben?«
»Alles.«
»Wir reden, wenn ich
nach Hause komme.«
Ben legt auf,
gibt das Handy
seiner Mutter,
verzieht sich ins Bad.
Wortlos klatscht er
mit einer Hand
von innen
gegen die Tür.
»Ja, geht's noch!?«,
hört er Mutters Stimme.
Solange er hier lebt, kann er
nur in Gegensätzen denken.
»Du hörst mir jetzt zu!«
»Nein«, sagt er ruhig,
sodass die Frau dort draußen
ihn nicht hören kann.
Sie wird nicht mehr an
seinem Leben lauschen,
sich nicht mehr in seine
Tage pfuschen.
Der Takt seiner Eltern
ist nicht mehr sein Takt.
Er stützt die Hände
aufs Waschbecken …

Ben steht vor dem Spiegel.
Sein Spiegelbild ist er,
doch er will nicht mehr sein,
wie er scheint, denn er
ist ein anderer, nicht mehr der,
der ihn so bitter anschaut
und vorbeischaut an der
ganzen Wahrheit.

Ben steht vor dem Spiegel.
»Guck hin! Guck!
Kapier es endlich.
Hau ab! Hau endlich ab!
Du ekliger kleiner Angsthase!«

Er nimmt die Schere und
denkt an Johanna und ihre Armbänder.
Ob sie sich mit einer Schere,
einem Messer oder einer Klinge geritzt hat?
Er schaut auf seinen Arm,
leicht gebräunt ist seine Haut,
helle Härchen darauf.

Ben steht vor dem Spiegel.
Dann schneidet er sich vorn ins Haar,
braun fällt es herunter,
noch ein Schnitt, dann wieder
und wieder fallen die Haare
ins Waschbecken, er greift sich
den Ladyshave seiner Mutter.
Bahn für Bahn fährt er den
Schädel ab wie ein Rasenmäher.
»Du siehst jetzt aus wie ein Deoroller.«
So redet er mit seinem Spiegelbild.
Aftershave, es brennt fürchterlich.
»Du Arschloch! Wie siehst du aus!?«,
schreit er sich an, voran geht er …

… auf die Straße und
reißt das Etikett vom Hoodie,
wirft es in den Mülleimer,
läuft weiter, geht zurück zum Mülleimer,
sucht das Preisschild und wirft es zu Boden.
Die Welt brennt, aber **er** pennt nicht mehr
und fährt mit der Bahn Richtung Dom.
Die Kapuze auf dem Kopf wartet er am Reiterdenkmal
an der Hohenzollernbrücke,
über die ein ICE in den Bahnhof
einfährt wie in ein Maul.
Was hatte Flocke gesagt?
»Beginn der Aktion 18 Uhr.
Alles muss schnell gehen.«
Sie wollten noch in die Abendnachrichten
mit ihrer *Aktion Tierlieb*.
»Die Polizisten haben dann gerade Wachwechsel.«
Er wartet, reibt sich unter der Kapuze
mit der Hand über die Glatze.
Es ist ein gutes, ein neues Gefühl,
während sich der Strom
der Fußgänger vom Dom kommend
auf die Rheinbrücke schiebt.
Menschen mit schwarzen Hoodies tauchen auf,
schleppen ein rundes, gigantisch langes Paket,
es sieht aus wie der Teppich für einen Ballsaal.
Wo ist Flocke? Keiner sieht ihr ähnlich.
Er würde sie trotz Hoodie sofort erkennen.
»Ist egal«, sagt er sich. »Egal.«

Er läuft zu den Aktivisten, hilft beim Tragen.
»Was willst du?!«, blafft eine Stimme, weiblich und rau.
Auf ihrer Sturmhaube steht: *no photo!*
Er sagt: »Helfen will ich. Wo ist Flocke?«
Die Stimme schweigt.
Sie gehen schnell.
Ben schwitzt.
Sechs Aktivisten sind es.
Alle schleppen das zusammengerollte Transparent.
Wenn die Polizei ihn hier erwischt,
wird er garantiert verhaftet.
Als die Mitte der Brücke erreicht ist,
legen sie die Wurst aufs Geländer,
befestigen sie rechts und links an den Enden
und entrollen das Transparent.
Es hängt von der Brücke herunter
wie eine gigantische Leinwand.

Alle Aktivisten rennen weg,
umlaufen die neugierigen Passanten
wie der Skifahrer seine Stangen.
Und da erst fällt Ben Flocke auf.
Sie ist ganz vorne.
Warum hat **er** sie eben nicht entdeckt?
Sie rennt, er rennt, ruft: »Flocke!«
Da dreht sie sich um und
knallt gegen einen Passanten,
kommt ins Straucheln, fällt.
Sofort ist er bei ihr.
Der Passant schreit.
Alle schreien.
Ein IC fährt ratternd aus dem Bahnhof.

»Tut es weh?«
Johannas Hose ist am Knie kaputt
und das Knie darunter blutig.
»Kannst du aufstehen?«
Sie steht an seiner Hand auf.
»Was machst du hier?«
»Mich ändern.«
Sie rennen hinüber
zum anderen Ufer.
Die anderen sind schon weg.
Da stürmt ein Polizist
die Treppe zur Brücke hinauf.
Groß und mächtig ist der Kerl.
Vermutlich ist er rein zufällig hier,
nicht wegen ihnen.

Ehe Ben einen klaren Gedanken fassen kann,
läuft er dem Polizisten entgegen.
»Renn«, ruft er Flocke zu,
und rennt selbst mit voller Wucht
gegen diesen Berg in Uniform.

Die Bahnhofswache Köln.
Der Container hat zwei Stockwerke.

Er ist weiß.
Davor befindet sich ein roter Pilzkiosk,
aus dem Pommes und Currywurst
verkauft werden.
Der Gestank weht herein
in den Raum, in dem Ben sitzt.
Seine Monatskarte der Verkehrsbetriebe
verrät seinen Namen. Schülerausweis.
Fingerabdrücke werden genommen,
Größe, Haarfarbe, Glatze.
Erkennungsdienstliche Behandlung (ED).
Er gibt die Tat zu.
Nicht vorbestraft.
Minderjährig.

Der Raum ist weiß und ein Würfel.
Ben schließt die Augen.
Wie sah es im Baumhaus aus?
Überall Holz,
Regal mit Gewürzen,
Plastikeimer mit der Aufschrift *used battery*,
Klappstuhl an der Wand,
Matratzen und …
»Ihre Mutter ist da!«,
unterbricht ihn die Stimme
des Polizisten.
»Kommen Sie bitte mit.«

Seine Mutter ist geschminkt.
Er will nicht in ihren Arm.
»Ist es in den Nachrichten gewesen?«
Der Polizist sagt: »Ja.«
»Dann hat es sich gelohnt«, sagt Ben.
Der Polizist schaut seine Mutter an,
seine Mutter schaut Ben an.
Noch hat sie kein Wort zur Glatze gesagt.
Alle sitzen jetzt am Tisch.
Durch das Fenster schaut er hinaus
und sieht die anderen Baumhäuser.

Er hört die Stimme seiner Mutter,
die dem Polizisten entschuldigend erklärt:
»So wie jetzt war er noch nie.«
»Wie meinst du das?«,
sagt er scharf zu seiner Mutter
und schaut hinaus auf diesen Imbisspilz.
Sie hingegen schaut auf seine Glatze,
erklärt: »Ich verstehe dich nicht mehr.«
»Musst du auch nicht.«
Ob er nach Hause möchte, fragt der Polizist.
»Nein«, sagt Ben ganz sicher.
Der Polizist notiert, fragt:
»Warum nicht?«
»Weil …« Ben weiß es:
Zu Hause sind Mama und Papa,
dort ist das falsche Leben.

Trotzdem geht er mit seiner Mutter.
Sie telefoniert mit seinem Vater
und fragt Ben nebenbei, ob er Hunger habe.
Er will zu ihr in den Wagen steigen,
da sieht Ben Flocke. Sie hebt die Hand,
steht direkt am Eingang zum Bahnhof.
»Warte«, sagt er zu seiner Mutter.
Sie telefoniert immer noch mit seinem Vater,
sagt: »Er will dich sprechen.«

Ben hört sie schon nicht mehr,
sieht nur **Johanna**.
Sie winkt ihm
und nimmt ihn in den Arm.
»Danke dir.«
»Ich liebe dich«, sagt er.
Sie küssen sich.
Alles ist gut,
Frieden legt sich
über seinen Horizont.
Sie sagt: »Deine Mutter wartet.«
»Kann sein. Sie wird immer warten.«

Johanna gefällt die Glatze.
»Du hast eine schöne Kopfform.«
Sie streicht darüber
und schaut aus dem Fenster.
Die S-Bahn rattert und
die Presseteams haben längst
ihre News verbreitet: *Aktion Tierlieb.*
Sie ist zufrieden und sagt:
»Ich wollte mir eigentlich
auch den Kopf rasieren.«
»Und?«
»Das geht jetzt nicht mehr,
sieht mir zu sehr nach Partnerlook aus.«
»Meinst du das ernst?«, fragt er.
»Irgendwie schon«, antwortet sie
und muss mit ihm darüber lachen.

Das *Crown* ist immer noch
die Königin der Baumhäuser.
Borke hatte schnell genug reagiert

und das Feuer rechtzeitig gelöscht.
Es riecht trotzdem verkokelt,
sehen kann **er** aber nichts mehr
vom Feuer.

Sie hocken im Schlafraum und
durchsuchen auf einem Laptop
die Mediatheken nach Nachrichtensendungen.
Kringel hat den Rechner wie aus dem Hut gezaubert.
Er ist ein nervöser Kerl,
seine Finger huschen über die Tastatur.
Flocke flüstert Ben ins Ohr:
»Der Laptop ist von seiner Freundin,
die lebt in Köln.«
Selbst in der CNN-Mediathek findet Kringel
etwas zur Kölner *Aktion Tierlieb*.
»Wie Greenpeace ist das«, sagt Bilbo begeistert.
Sie hatte neben Ben das zusammengerollte Transparent
geschleppt. Raue und sehr direkte Art.
Erkannt hatte er sie vor Ort bei der Aktion nicht.
Aber sie hält jetzt ihre Sturmhaube in der Hand.
Darauf steht: *no photo!*
»Wie Greenpeace«, wiederholt Borke.
»Find ich gut, dass das Transparent so weit runterhängt,
dass es fast den Rhein berührt.
Deshalb mussten die den Schiffsverkehr einstellen.
Genial.«
»Nix genial«, sagt Bilbo und lacht laut:
»Wir haben das Transparent falsch bemessen.«
Sie sind zu sechst und klatschen sich jetzt ab
wegen des Erfolgs – fast wie beim Football.
Abklatschen. Ben findet das kindisch,
aber irgendwie leben wir alle in Amerika.

Borke träumt schon von der nächsten Aktion.
»Vorschläge?«
»Wir sollten Kühe fotografieren«, schlägt Ben vor.
Alle schauen ihn an.
»Ja, Kühe. Wir fotografieren sie, machen Abzüge, schreiben provozierende Sprüche auf die Fotos wie *Friss mich* oder *Isst du auch Kinder?* und kleben die Fotos dann im Supermarkt auf die Packungen mit dem Gehackten oder den Minutenschnitzeln.«
»Du isst doch auch Fleisch«, sagt Borke.
»Ich habe gestern auch noch nicht hier gelebt.«
»Und heute tust du es?«
Ben nickt.
»Wegen Flocke?«
Ben fühlt sich stark.
Flocke nimmt ihn in den Arm,
und er sagt:
»Weil es das richtige Leben ist.«

Sie knutschen.
Ein leichter Wind geht durch den Forst.
Das Safe Space wankt ruhig hin und her.
Ben heißt jetzt nicht mehr Ben,
sondern Alaska.

»Bähän! Bähän!«
Es ist seine Mutter,
die durch den Wald geht.
»Bähän!«
Ben ist geschockt.
Er schaut hinunter.
Von hier oben betrachtet, ist sie winzig.
Aber wenn sie vor ihm steht, ist sie riesig.
»Bähän!«

Flocke sagt:
»Du musst runter zu ihr.«
Die beiden schauen
hinab auf Bens Mutter.
Ben entgegnet:
»Nein, ich gehe nicht,
nicht hier und nicht heute.«
Auf dem Boden gesellt sich
Kringel zu Bens Mutter.
»Hier gibt es keinen Ben.«
»Er ist mein Sohn. Ich suche ihn.
Er ist seit zwei Wochen nicht mehr
nach Hause gekommen.«
Kringel ist gerade dabei,
eines der Fahrräder zu flicken.
Er repariert sie, verkauft sie
und kauft dafür Dinge für die Kolonie.
Seine Hände sind voller Öl
und er redet mit ihr, fragt:
»Wissen Sie Bens Baumnamen?«
»Nein, weiß ich nicht.«
Die Stimme seiner Mutter ist aufgeregt.
So kennt Ben sie nicht, so schwach,
so unkontrolliert, als habe sie sich verloren.
Kringel erklärt, er müsse weiterarbeiten.
Sie solle bitte nicht mehr rufen.
Dann ändert sie ihren Ton,
wird wütend: »Ich komme zurück
und hole ihn. Das steht fest!«

Flocke sagt: »Deine Mutter ist sauer.«
»Sie liebt mich.«
»Wie du das sagst, so verständnisvoll.«
»Sie ist meine Mutter.«
»Ich mag meine Mutter nicht.«
»Sie will dich sicherlich auch retten,
sie ist nur nicht so stark wie meine Mutter.«
»Ich brauche keine Rettung.«
Sie sitzen am Rand des Crown und
Flocke rät Ben: »Du hast recht.
Sie kommt womöglich zurück
mit einer Hundertschaft Polizei.
Du musst ihr hinterher.«

Ben überlegt, dann seilt er sich ab,
nicht nur, weil sie die Polizei rufen könnte.
Er läuft und läuft und ruft:
»Mama! Bleib stehen!«
Sie dreht sich um und nimmt ihn in den Arm,
so wie sie es lange nicht mehr getan hat.
Jetzt ist sie nicht auf dem Sprung,
muss sie nicht ins Büro,
sie steht hier einfach ruhig im Wald,
hat kein Handy in der Hand,
am Ohr oder tippt darauf.
Sie ist bei ihm, nur bei ihm.
Er sagt: »Du musst dir keine Sorgen machen.«
»Du kannst nicht einfach hier leben.«

»Doch. Das hier ist richtig. Ganz richtig.
Die Erde stirbt.
Egal, was die Politiker sagen,
es geht zu langsam.

Parlamente sind Kompromisse,
sind Diskussionen,
sie kosten Zeit,
die wir nicht mehr haben.
Es ist morgen zu spät,
nicht übermorgen.«

Die Falten auf der Stirn seiner Mutter sind tief
und die Tränensäcke unter ihren Augen dunkel.
Sonst schminkt sie sich den Stress weg. Sie sagt:
»Ich möchte, dass du nach Hause kommst.
Die Regierung macht es schon richtig.«
»Blödsinn. Die Regierung ist zu langsam.
Hast du mir eigentlich zugehört?
Wir brauchen den Widerstand.
Wir brauchen eine neue Form zu leben.«
Tränen laufen ihr über die Wangen.
Er nimmt sie in den Arm.
Bisher hat er gedacht, er könnte niemals
größer sein als seine Mutter,
jetzt liegt ihr Kinn auf seiner Schulter.
Der Wald um sie herum rauscht,
der Wind nimmt langsam zu.
Er muss sie halten, nicht umgekehrt,
er muss sie trösten, nicht umgekehrt,
ihr die Welt erklären, nicht umgekehrt.
»Willst du das hier wirklich?
Für mich sind diese Leute wie Sektenmitglieder.«
»Das hier ist sinnvoll.«
»Ich hab auf deinem Rechner gelesen,
was die von *Die letzte Generation* schreiben.
Die reden da vom Weltuntergang,
die schreiben deine Worte.«
»Ich hab dich lieb, Mama.
Sag nicht solche Sachen.«
»Komm mit, Ben.«

»Ich heiße Alaska«, sagt er. »Du musst
jetzt über mich auch einen Ordner anlegen.
Alaska, bürgerlicher Name Ben.«
Er lächelt und sie mit ihm, dann überlegt sie:
»Hieß nicht der Edelweißpirat Alaska-Bill?«
»Genau, der hieß so.

Lass mich das Richtige tun.
Wir leben hier ein neues Leben.
Wir schaden doch niemandem.«
»Na ja«, sagt sie. »Wie man es sieht.«
»Wir werden die Welt ändern.
Und ganz bestimmt nicht schlechter machen.«
»Ihr seid Träumer und du …«

Der friedliche Widerstand ist zwecklos.
»Sie nennen uns Träumer«, sagt **Alaska**.
Der passive Widerstand ist sinnlos.
»Sie nennen uns Träumer«, sagt Alaska.
Wenn auf dich geschossen wird,
so musst du zurückschießen, verlangen sie.
Wenn dir einer auf die rechte Wange schlägt,
so hau ihm in die Fresse, fordern sie.
Sonst bist du ein Träumer.
Und wer will schon ein Träumer sein?
Wie soll es möglich sein,
mit Träumern etwas zu verändern?

Alaska fragt:
»Ist das Träumen keinen Versuch wert?

Ist das Sich-mit-dem-Gewehr-Wehren
so erfolgreich?
Hat es sich so bewährt
in all den Kriegen und Konflikten?«

»Du spinnst«, sagt sie.
»Du siehst doch, wohin
der Widerstand dich bringt.
Auf einen Baum.
Das hier ist Brainwashing.
Brainwashing, verstehst du.«
Sie wendet sich ab,
und Ben will ihr
nachgehen,
bleibt stehen.

Standhaft, bis
sich der andere
zuwendet.

Change the eternally wrong

weiß – schwarz
A waiting room for white people.
A waiting room for black people.
A sink for white people.
A sink for black people,
und wir wissen, in den USA
wurden nur Weiße Weiße genannt.
Für die Schwarzen
hatten sie andere Namen.
The front three rows of seats on the bus
were reserved for white people.
And that would never change.
America was firmly convinced of that.
weiß – schwarz
Menschen fahren in einem Bus
nach Alabama ins Herz des Rassismus.
Sie sitzen ungeordnet.
Nicht nur weiß neben weiß,
nicht nur schwarz neben schwarz,
sondern gemeinsam.
weiß – schwarz
Menschen halten den Bus an.
Sie sind voll von Gesetz,
voll von Recht und Ordnung,
voll von Rassismus.
Sie wollen die Menschen
im Bus schlichtweg verbrennen

und prügeln am Ende auf sie ein.
weiß – schwarz
Doch es kommt der nächste Bus
und wieder ein Bus und noch
ein Bus fährt jetzt bis Mississippi
direkt in das Herz der Finsternis,
wo die Reisenden verhaftet werden,
geprügelt, ins Gefängnis geworfen.
weiß – schwarz
Noch mehr Busse kommen
und die Gefängnisse können all die
Menschen nicht mehr aufnehmen.
All die Träumer.
Und dann geschieht das Unglaubliche:
Die Schilder an den Toiletten
weiß – schwarz
are dismantled
on the washbasins
are dismantled
in the buses
are dismantled
in the waiting areas
are dismantled.

Gefrühstückt haben sie und
sie will nicht wieder
den ganzen Tag rumhängen.
Sie will etwas mit ihm tun,
spürt die Sonne und den Sommer.
Er nimmt sie in den Arm.
»Lass uns in die Stadt gehen.«
Alaska wundert sich. »Nach Köln?«
»Nein.«

Ghost Town

Es ist heiß. Die Sonne drückt auf die Landschaft.
Sie gehen aus dem Wald
über das Feld und die Landstraße,
Asphalt und Hitze verschmelzen.
Hier fließt längst kein Verkehr mehr in die Ortschaft.
Eine Bäckerei, in der
keine Brötchen mehr gebacken werden,
eine Metzgerei, in der
keine Wurst mehr geschnitten wird,
Parkplätze, auf denen
keiner mehr parkt.
Häuser wie Grabsteine
und eine Kirche, die in Trümmern liegt.
Es ist eine Geisterstadt und
zu warm, um Arm in Arm zu gehen.

Hinter einem Bauzaun ein Bagger.
»Heimatfresser sind das«, sagt **Flocke**.
»Später kommen die Riesenbagger von RWE,
um die Kohle unter den Häusern wegzubuddeln.
Die fressen dann die Heimat endgültig.
Stell dir vor, wie viel Kindheit hier gewesen ist.
Die Leute haben sie umgesiedelt,
um an die Kohle zu kommen.«
»Da drüben« – sie folgt seinem Finger –
»im SUV sitzt Security«, sagt Alaska. »Es
ist immer das Gleiche. Du kannst dich nicht wehren.
Die Riesen sind einfach zu mächtig.«
»Was redest du da?
Natürlich können wir uns wehren.
Spricht da der alte Ben aus dir?«
Sie boxt ihm gegen die Schulter.
Er boxt zurück.

Dann rennt sie trotz der Hitze los
und klettert behände über den Bauzaun.
Er klettert hinterher.

»Bist du bescheuert? Die Security!«
Sie rennt zum Bagger und
rauf aufs Führerhaus.
Die Securitys rufen: »Kommt da runter!«
Flocke hüpft auf dem Dach herum.

Flocke und **Alaska** rennen weg.
Die Securitys hinterher.
Fast scheint es, als laufe Flocke absichtlich langsam.
Sie klettern über den Zaun.
Flocke sagt: »Und jetzt los.«
Während die Securitys den Zaun überwinden,
rennt Flocke, als gehe es um ihr Leben,
und Alaska neben ihr her.
Sie erreichen den Jeep der Security.
»Der Schlüssel steckt. Diese Idioten.«
Sie ist außer Atem.
Der Motor springt an.
Flocke hupt, hupt noch mal und gibt Gas,
einfach weg fahren sie.
Das Radio läuft, der Moderator kündigt an:
»Das Beste aus den 60ern und 70ern.«
Alaska: »Wieso kannst du Auto fahren?«
»Mein Vater hat auch so ein Teil.«
»Dein Vater hat euch doch sitzen lassen. Oder?«
»Trotzdem hat er mir das beigebracht,
auf dem Firmengelände. Mein Vater hat Geld.«

Sie lassen den Wagen stehen,
gehen die wenigen Meter zum Abgrund.
Flocke sagt: »So stelle ich mir den Grand Canyon vor.
Ein riesiges, ein gigantisches Loch.«
Sie betrachten den Tagebau.
Die Braunkohlebagger darin
sehen aus wie Spielzeuge.
225 Meter lange Spielzeuge und so hoch
wie die Freiheitsstatue samt Sockel.
Flocke erklärt: »Jeder Bagger schaufelt am Tag
so viel Erde und Kohle ab wie 10 000 Kipplaster.«
Sie zeigt den Abhang entlang.

»Da drüben ist unser Wald, direkt am Rand des Lochs.
Um ihn herum wird bald sehr viel weggebaggert sein.
Dann ist der Hambacher Forst nur noch eine Insel.
Unsere Bäume werden kein Wasser mehr haben,
denn der Tagebau wirkt wie eine Abzugshaube.
Unser Wald wird verdursten.«
»Und dann?«
»Stirbt der Wald. Er trocknet jetzt schon aus.«
»Und warum besetzt ihr dann den Wald?«
»Ihr? Du bist auch bei uns.
Warum besetzt du den Wald, Alaska?«
»Weil« – er überlegt – »weil ich so leben will.«
»Alaska«, sagt sie und streichelt ihm übers Gesicht.
Er sagt: »Es klingt schön, wenn du Alaska sagst.«

Es wird dunkel.
Alaska hat gekocht:
Suppe mit Kohl und Gemüse.
Brot mit Aufstrich.
Heute war Versammlung
im Winkel.
Alaska und Flocke
wollten nicht mitkommen.
Sie wollen allein sein
und einen Plan schmieden,
von dem keiner weiß
und etwas ahnt.

In der Dunkelheit machen
sie sich auf nach Köln,
hängen am Bahnhof ab
und schauen dem Verkehr zu.
Sie haben einen Plan
und schweigen.
Es ist ein schönes Gefühl,
nur dazusitzen auf den Stufen
vor dem Eingang
zu irgendeinem Haus und
sich im Arm zu halten.
Beine ziehen an ihnen vorbei.
Jugendliche suchen sich ihre Läden,
manche sind in Rudeln unterwegs.
Ab und an stinken einige der Frauen
nach etwas, für das sie teuer bezahlt haben.
»Du magst Parfüm«, unterstellt **Flocke**.
»Nein«, sagt Alaska. »Meine Mutter legt
immer Parfüm auf.«
»Das klingt richtig gut bei dir.
›Meine Mutter legt Parfüm auf.‹
Das klingt extrem vornehm.«
»Was soll ich denn sonst sagen?«
»Na, dass sie Parfüm nimmt.«
»Okay«, sagt er. »Wenn es dir gefällt.«
»Würdest du dich piercen lassen?«
»Weiß nicht, warum ich das tun sollte?«
»Weil es dir vielleicht gefällt?«
»Auf keinen Fall in die Zunge.

Da hätte ich echt Schiss.«
»Magst du das bei mir mit der Zunge?«
»Ja. Ich habe übrigens gedacht,
du hättest dich geritzt.«

Sie rückt ein wenig zur Seite.
»Wegen der Armbänder?«
»Ja. Und weil du mir von
dieser Jessica erzählt hast.«
»Das habe ich mir schon gedacht«, sagt sie.
»Echt?«
»Dein Blick – als ich dir von Jessica
erzählt habe und als ich die Armbänder
abgestreift habe, um sie zu waschen.«
»Entschuldige«, sagt er.
»Halb so wild.« Sie winkt ab.
Aber er spürt, dass ihr sein Verdacht
nähergeht, als sie jetzt zugibt.

In der Nacht dreht **Alaska**
den Schlüssel im Schloss
und schleicht sich in sein Zimmer.
Alles ist, wie es immer war.
Schreibtisch, Konsolen,
PC und im Schubfach hinter den Socken
liegt noch das Geld.
Er nimmt das Bündel Scheine,
es sind 270 Euro.

Es ist ein schlechtes Gefühl,
wenn du in dein altes Leben einbrichst.
Die Schüsseln auf dem Schreibtisch sind weg,
sein ganzes Zimmer aufgeräumt.
Sonst macht das seine Mutter nie.
Und die Putzfrau darf es auch nicht tun –
aus erzieherischen Gründen.
Er soll sich selbst um sein Zimmer kümmern.
Vielleicht hat ihn seine Mutter abgeschrieben,
so wie sie es mit dem Mercedes tun.

Im Flur hört er Schritte.
Sie sind schwer und mächtig.
Sein Vater ist zurück aus Japan.
Dann rauscht die Toilette
und Alaska überlegt.
Kurz entschlossen geht er raus,
sagt: »Papa.«
»Ben?«
»Ich wollte dich nicht wecken.«
»Was soll der Mist? Ich bin gestern gekommen.
Morgen hätte ich dich im Wald besucht.«
Er nimmt Alaska in den Arm.
»Jedenfalls bist du zurück.
Mama ist tausend Tode gestorben.«
»Ich gehe wieder, Papa.«
Sein Vater fasst ihm kurz auf den Kopf,
als würde er eine Kokosnuss
aufheben wollen. »Glatze steht dir. Echt.«
»Findest du?«
»Ich …«
Er nimmt ihn erneut in den Arm.
»Als ich dich gerade auf dem Flur
gehört habe, wollte ich dich sehen.«
»Warum bist du überhaupt hier?
Etwa wegen mir?« Sein Vater hat Humor.
»Ich brauche Geld.«
»Wozu?«
»Ich … ach, egal, Papa. Nicht so wichtig.«
»Heute Nacht bleibst du aber hier.«

»Eigentlich nicht. Ich bin nicht allein.«
»Ist das Mädchen auch hier?«
»Sie wartet draußen.«
»Dann hol sie rein.
Die Züge fahren doch nicht mehr.«
Alaska überlegt. Tatsächlich wollte er mit Flocke
diese Nacht auf der Wiese im Park schlafen
und morgen Plane, Farbe und Seile kaufen.
»Na gut«, sagt er. »Ich hole sie.«

Kurz darauf stehen die beiden im Flur.
Sein Vater gibt Flocke die Hand.
»Und wie ist dein richtiger Name?«
»Johanna«, sagt sie. »Aber Flocke ist mir lieber.«
»Ihr beiden könnt jetzt erst einmal schlafen.
Morgen sehen wir weiter.
Dann sieht dich Mama wieder.
Sie hat Schlaftabletten genommen.«

»Der neue Widerstand ist weiblich«,
sagt Bens Vater noch.
»Wie meinen Sie das?«, fragt Flocke.
»Leben und sich sorgen.
›Höher, schneller, weiter‹ ist vorbei,
die Frauen haben es einfach besser drauf,
wenn es darum geht, die Erde zu bewahren.«
Flocke mag diesen Mann
mit dem Dreitagebart, der
ruhig und kräftig ist wie ein Baum.
Sie sagt: »Aber Frauen können noch mehr.
Die Männer haben uns immer zum Bewahren
in die Küche und zu den Kindern gesteckt.«
»Stimmt«, sagt er. »Sie können noch mehr.
Und wir Männer können von ihnen lernen,
wenn es um die wichtigen Dinge geht.«
Dann sagt er: »Bis morgen.«

Sie liegen wie Bruder
und Schwester nebeneinander.
Alaska ist es unheimlich
in seinem eigenen Zimmer.
An der Decke tanzen Schatten.
Er nimmt sie in den Arm.
Oder ist es umgekehrt?

»Dein Vater ist anders,
als ich gedacht habe«,
sagt Flocke in die Nacht hinein.
»Ich mag ihn auch«, sagt Alaska, und will
wissen, was Flockes Vater für ein Mensch ist.
»Als er ging, hat er Kressesamen
auf dem Teppich verteilt.«
»Wie meinst du das?«
»Ja, Mama und ich und meine Schwester,
sie war damals noch ein Baby, jedenfalls
waren wir rausgegangen, damit Papa
seine Klamotten packen konnte. Aber er
hat halt noch Kresse auf die Teppiche gestreut
und sie offensichtlich mit Wasser besprüht.
Mama und ich haben uns später noch
gewundert, warum die Teppiche so feucht waren.
Und dann wuchs überall Kresse. Es war ekelig.«
»Ich kann verstehen, dass du
bei deiner Mutter geblieben bist.
Das hätte ich auch gewollt.«
»Ich war sieben Jahre alt.
Ich weiß nicht, was ich wollte.
Mein Vater muss sich später noch
einmal in unsere Wohnung
geschlichen haben. Er hat jedenfalls
Fotos von den Teppichen
mit der Kresse gemacht.
Sie hängen bis heute
bei ihm im Büro.«

»Das ist schräg.«
»Ich will weg«, sagt sie.
»Sollen wir gehen?«
»Ich will nicht weg von hier,
ich will weg aus der Vergangenheit.«

So schlafen sie ein
und wachen sie auf,
bevor Bens Eltern
ins Zimmer kommen.

Die Nacht war ein Kokon
und entpuppt sich am Morgen
als genau jener Tag,
an dem sich
ihr Leben ändern wird.

Sie holen Seile,
Farbe, Pinsel,
Spraydosen, ein Handy,
zwei Sturmhauben,
Scheren, weißen Karton,
zwei Rucksäcke,
eine Yogamatte,
Wasser und packen noch
jede Menge
Mut ins Gepäck.

Zurück am Hambacher Forst
gehen sie in den verlassenen Ort,
der gleich gegenüber liegt.
Und suchen sich einen ruhigen Platz
in der leer stehenden Garage
eines verlassenen Einfamilienhauses,
wo die Security sie nicht suchen wird.
Außer ein paar Ölflecken
und dem Geruch der Hitze
ist hier nichts vom Leben geblieben.
Sie rollen die blaue Plane aus,
ein helles Blau wie ein warmes Meer.
Dann schneiden sie Schablonen aus.

Eine Pfote, eine Faust in einem Stern

und rundherum die Worte:
Animal Liberation
Human Liberation

Es geht nicht nur um den Protest gegen die Kohle,
es geht auch um eine neue Form des Lebens.
Wir müssen uns ändern,
auf allen Feldern und überall
muss das Leben
der Schatz sein,
kein Gold der Welt
soll uns davon ablenken.
Animal Liberation
Human Liberation
Alaska stellt sich vor,
wie er das zu seiner Mutter
sagen wird,
wie er es der Welt
entgegenwirft.

Flocke will zurück
zu Borkes Safe Space
und dort bis zur Nacht warten.
Alaska hält es für keine gute Idee.
»Das Transparent muss trocknen.

Und wir sollten hierbleiben.«
Er rollt die Yogamatte aus,
sie dösen, und
sie lieben sich,
und dösen, um
Kraft zu sammeln.
Sie schlafen ein.

Sie kennt das Gelände gut,
war schon hier mit Borke,
auch in der Nacht.
Der Mond hängt wie ein
abgeknipster Zehennagel
am wolkenfreien Himmel.
Er beleuchtet unheimlich die Szene.
Dort unten stehen die Giganten
und arbeiten und schaufeln die Erde
unermüdlich von unten nach oben.

Die beiden Gestalten schwitzen
unter den Sturmhauben.
Sie steigen die erste Abraumstufe hinab.
Fünfzig Meter oder mehr geht es
zur nächsten Stufe, von Stufe zu Stufe.
Das sind die Stufen von Riesen,
sie führen direkt in die Hölle.
Alaska trägt das Transparent,
beide Rucksäcke sind vollgepackt.
Der Wind trägt die Geräusche
der Bagger zu ihnen.
Fünf Bagger, sechs Bagger.

Sie wissen es nicht.
Sie sind hell erleuchtet,
um sie herum ist alles hell.
Alaska sagt:
»Bis zum Bagger ist es weiter, als ich dachte.«
»Die Dinger sind so riesig,
dass sie dir tagsüber so nah erscheinen.«
Die Lampen der stählernen Riesen
locken die Motten an.
Ein Securitywagen fährt Streife
zwischen den Riesen, die nie zur Ruhe kommen.
»An den Baggern haben sie auch Wachleute.«
Sie sind beide schwarz gekleidet.
Nur die Augen stechen hervor.

Er hat keine Angst,
er hat nur Sand in den Schuhen.

Was **er** tut, ist verboten,
ist nicht legal.
Illegal handeln Menschen,
die sich nicht
an die Gesetze halten.

Illegitim handeln Menschen,
die sich nicht
an die Moral halten.

»Runter«, zischt sie ihm zu.
Alaska wirft sich neben ihr auf den Boden.
»Da vorne.«
Jetzt sieht auch **er** den Security-Typen.
Sie sagt: »Wir müssen zur Leiter rennen.«
»Fünf Leute steuern den Bagger.
Sie werden uns nicht sehen,
wenn wir genau da hinaufklettern.«
Der Mann von der Security entpuppt sich
als Frau, die ihre Kappe abnimmt
und eine Pause einlegt.
Alaska ist geschockt von der Größe der Schaufeln.
18 Stück und in jede passt ein Auto.
Der Lärm ist unerträglich,
als würde die Welt zerbrechen.

Sie müssen warten.
Warten.

Der Mond ist gewandert.
Der Bagger ebenfalls,
wenn auch nur wenige Zentimeter.
Der Lärm ist geblieben,
aber die Frau von der Security hat
den Platz geräumt und
ist in einen Wagen gestiegen.
Der Weg ist frei.

Flocke und Alaska
nähern sich der Leiter,
über die der Führer des Baggers
an seinen Arbeitsplatz gelangt.
Der Lärm der Fließbänder – es riecht
nach Erde und Luft und Stahl.

»Duck dich!«
Flocke schreit,
denn gleich neben Alaska
hängt eine Kamera.
»Duck dich!«
Es ist so laut,
dass Alaska sie nicht hört
und einfach an der Kamera
vorbeigeht.

Noch eine Leiter. Er folgt.
Sie werfen ein Seil
über einen Eisenträger,
ziehen sich hinauf –

und wieder eine Leiter.
Überall Staub und Hitze.
Millionen von Faltern
und das warme Metall.
Sie steigen höher und höher
dem Mond entgegen.

Der Lärm der Schaufeln,
der Fließbänder wird leiser.
Aus. Als lausche das Monster.

»Sie haben uns entdeckt.«
»Warum?«, fragt Alaska.
»Da war eine Kamera«, sagt sie
und klettert höher
und höher und höher,
denn dort oben gibt es
keine Scheinwerfer.

»Wenn es ganz still ist,
kann man die Sterne hören,
wie sie ihre Bahnen ziehen,
und der Mond pfeift dazu.«
Sie sagt es und **er** klettert ihr nach.
Was redet sie da?
»Was sagst du da?«
Sie dreht sich zu ihm um
und sagt: »Blödsinn.
Beruhigt mich. Blödsinn.«
Er hat das verrückteste Mädchen.

Je höher sie kommen,
desto mehr verlassen
Alaska die Kräfte.
Es ist ein weiter Weg

bis hinauf zur Freiheitsstatue,
bis dort, wo die Fackel brennt.
Die letzten Meter brauchen
sie die Seile,
bis die Plattform
erreicht ist.

Die Maschine springt wieder an.
Falscher Alarm.
»Wer weiß, was der Riese
für ein Problem hatte?«, sagt Alaska.
»Ich bin müde«, sagt **er**. »Hundemüde.«
Und so legen sich die beiden
in all dem Lärm auf den Rücken
und schauen hinauf in den Himmel.
Das Quietschen und Rattern
webt er in seinen Traum
vom Universum,
wo sich alles um alles dreht,
während **sie** nicht zu schlafen vermag.
»Wie kannst du nur schlafen?«,
sagt sie leise zu ihm.
»Wie kann das nur sein?«

Bald schon ist auch **er** wieder wach
und der Tag macht die Welt wieder
braun und gelb und schwarz
hier im Tagebau, wo die Erdschichten
wie eine Patchworkdecke zu sehen sind.

Sie rollen das Transparent aus
und dann klettert er noch hoch hinauf
bis zur Spitze oben auf dem Bagger
und macht die Hambi-Fahne fest.
Zurückgekehrt, ruft **sie**
den WDR an und RTL, SAT.1,
ntv, ZDF und ProSieben.

»Wir haben einen Bagger
unter unsere Kontrolle gebracht.«

Mehr muss sie nicht sagen,
die Wahrheit interessiert erst später.
Erst einmal sollen sie alle kommen.

Der Hubschrauber ist von RTL.
Die Polizei klettert zu ihnen hinauf.
Die beiden tragen Kapuzen
und sind Aktivisten.
Aktivisten haben keine Gesichter
und keine Namen,
sie werden abgeführt
und von einem Spezialteam
abgeseilt und hinabgebracht.
Sie wehren sich nicht.
Die Worte sind freundlich.
Keiner schreit sie an.

Alaska sieht einen Journalisten,
der zu ihm und Flocke drängt.
Der Kameramann folgt ihm,
er ist von Bild tv.
»Ich will hier durch!«, blafft er
und ist hartnäckig.
Es folgen andere Journalisten
und Kameraleute.
Jetzt ist der Moment,
denkt sich Alaska – befiehlt:
»Runter damit.«
Er zieht sich die Sturmhaube
vom Kopf, Flocke tut das Gleiche.
Und mit einem Schlag
sind ihre Gesichter bekannt.
Flocke sagt in die Kamera:
»Findet euch damit ab:
Wir lassen euch nicht so leben,
wie ihr leben wollt.
Denn die letzte Generation
will nicht sterben.«

Autor

Der Politologe Manfred Theisen greift in seinen Büchern häufig politische Themen auf. Er wohnt in Köln, aber er hat in den verschiedensten Winkeln der Welt recherchiert. Seit 2000 ist der ehemalige Medienredakteur freier Autor. Seine Bücher sind in zahlreiche Sprachen übersetzt und ausgezeichnet worden.

Von Manfred Theisen sind bei cbt erschienen:

Der Chip (31436)
Rot oder Blau – Du hast die Wahl (31285)
Angst sollt ihr haben (31154)
Checkpoint Europa (31076)